건축에 새겨진 시간의 흔적

풍화에 대하여
ON WEATHERING

On Weathering: The Life of Buildings in Time by Mohsen Mostafavi, David Leatherbarrow

This Korean edition was published by IU BOOKS in 2021 by arrangement
with The MIT Press through KCC(Korea Copyright Center Inc.), Seoul.

건축에 새겨진 시간의 흔적

풍화에 대하여

모센 모스타파비 / 데이빗 레더배로우 지음

이 민 옮김

이유출판

차례

다시 끝내기 위해

사무엘 베케트

물은 돌에 구멍을 내고
바람은 물을 흩뜨리며
돌은 바람을 막는다
물과 바람과 돌

옥타비오 파스, 『그림자 초草』

'건물은 마감 공사로 완성되지만, 풍화는 마감 작업을 새로 시작한다.'

누가 이 같은 주장을 한다면, '건물은 시간을 초월해 존재한다'는 건축의 오랜 상식에 반하는 것처럼 보일 것이다. 하지만 건물이 어떻게 시간을 이길 수 있을까. 애초부터 예견된 일이지만, 영원히 존재하는 건물은 있을 수 없고 모든 건물은 결국 자연의 힘에 굴복하고 만다. 그렇다면 자연의 영향으로 건물이 쇠락해지는 상황에서, 풍화가 어떻게 건물의 "마감"을 한다는 것일까? 풍화는 사실 건물을 세우는 게 아니라 부수는 현상이 아닌가?

시간이 흐르면서 자연환경은 건물의 표면층뿐 아니라 내부의 물질까지 분해한다. 이런 상황을 방치할 경우, 골조까지 파손되고 최종적으로는 건물 자체가 와해되는데, 이런 결과는 건축가나 시공자, 건축주 모두가 원치 않을 것이다. 그러니 이를 방지하거나 늦추기 위해서는 건물을 제대로 관리해야만 한다. 상식적으로 보면 유지보수란 건물 수명의 연장을 목표로 하는 것으로 보존과 교체를 모두 포함하는 것이다. 그런데 이 작업에 소요되는 비용이 너무 크다 보니 이제는 아예 관리가 필요 없거나, 최소한의 비용만으로 유지 가능한 건물이 지어지고 있다. 하지만 아무리 관리가 필요 없는 건물이라도 풍화현상은 피할 수 없다. 그러니 "책이 건물보다 오래간다"는 빅토르 위고의 주장은 일리가 있다. 그는 모든 세대의 지배적인 사상은 돌로 된 책보다 종이책으로 구현될 것이고, 그렇다면 건물처럼 유일하고 비용이 많이 드는 것보다 대량으로 복제되어 어디서나 볼 수 있는 종이책이 인류의 사상을 전하는 매체로써 더 오래갈 것이라고 생각했다.[1] 건물은 단일한 물리적 구조물이기 때문에, 인간이나 자연의 힘에 의해 파괴된다. 건축에서 말하는 풍화란 시간의 흐름 속에서 자연에 의해 건물이 서서히 와해되는 현상을 말한다.

자연의 셈법으로 보면, 이는 '마이너스의 힘', 즉 뺄셈이 작용하는 것으로 마감작업이 끝난 건물 모서리나 외부 표면층, 색채 등을 비, 바람, 태양이 '앗아가는' 현상이다. 그런데 풍화가 단지 뺄셈에 그치지 않고 건축을 풍요롭게 해주는 '덧셈'이 될 수는 없을까? 풍화로 인해 발생하는 부정적인 결과는 그동안 쌓인 침전물과 오염물이 갖는 잠재적 가치를 찾아내면 보완할 수 있는 여지가 있을 것이다. 풍화는 늘 흔적을 남기기 마련이니, 생각하기에 따라선 이를 미리 의도된 것 또는 우리가 원하는 것으로 보는 역발상도 가능하지 않을까? 이런 측면에서 풍화를 바라보는 시각은 세월의 흔적이 쌓여 아름다운 벽돌이나 이끼가 덮인 돌, 길이 든 목재 등 오래된 건물의 외관을 낭만적으로 찬미하는 태도와 관련이 있다. 18세기 후반과 19세기에는 사람들이 폐허가 주는 아름다움에 빠지는 현상이 성행하기도 했다. 이와 관련된 주제는 회화와 문학, 미학과 건축에

빈번하게 등장한다. 고대 건축물의 표면에는 자연의 영향으로 인해 건물 주변 환경의 변화 과정을 일관성 있게 보여주는 퇴적물이 남아 있다. 풍화는 건물의 '마감finish'을 앗아가는 과정에서 자연의 '마감'을 추가한다. 자연의 뺄셈은 결국 건물의 파멸로 이어지고, 이는 한 생명체의 죽음과 마찬가지로 건물의 종말을 암시한다. 그렇다면 노화현상은 긍정적인 것으로도, 비관적인 것으로도 볼 수 있고 아니면 둘 다일 수도 있다. 여기서 하나의 의문이 제기된다. 풍화를 낭만적인 쇠락의 형식으로 보는 일반적인 시각을 넘어서, 이 현상이 지속되는 과정을 인식하고, 이를 해결하기 위해 시도할 수 있는 방법은 없을까? 다시 말해서 풍화라는 현상을, 단지 해결해야 할 문제나 방치해도 되는 자연 현상으로만 볼 게 아니라 이를 불가피한 것으로 인정하고, 예측할 수 없는 이 현상을 적극적으로 활용할 수는 없을까?

앞으로 이어질 논의에서 우리가 말하고 싶은 것은, 건축 프로젝트의 최종단계를 어떻게 보느냐에 대한 우리의 인식을 수정했으면 한다는 것이다. 즉 마감공사가 끝난 시점을 건물의 완성으로 보는 게 아니라 건물이 완공된 이후, 풍화에 의해 생기는 건물 자체의 지속적인 변형을 건물의 새로운 시작으로, 건물이 계속해서 자신의 모습을 바꾸어가는 '완성'의 과정으로 봐야 한다는 것이다.

빌라 사부아(1928-1931), 복원 이전
르 코르뷔지에
푸이시 쉬르 센, 프랑스

빌라 사부아(1928-1931), 복원 이후
르 코르뷔지에
푸아시 쉬르 센, 프랑스

팔라초 키에리카티(1550-1580), 풍화의 영향을 받은 기둥
안드레아 팔라디오
비첸차, 이탈리아

조네스트랄 요양원(1926-1931)
J.다이케어, B.베이부트, J.G.위벵가
힐베르쉼, 네덜란드

니르바트 다세대 주거(1927-1929)
J.다이케어, J.G.위벵가
헤이그, 네덜란드

코르소 베네치아 40번지
밀라노, 이탈리아

생트-주느비에브 도서관(1838-1850)
앙리 라브루스트
파리, 프랑스

해바라기 저택(1947-1950)
루이지 모레티
로마, 이탈리아

풍화가 진행된 주택의 외벽
포지아나, 이탈리아

풍화현상을 건물의 쇠락으로 보는 시각은 근대건축에선 흔히 있었던 일이다. 르 코르뷔지에가 사회계층 간의 평등을 지향하는 새로운 정신의 상징으로 제안한 주거형식, '거주하기 위한 기계'는 대량생산을 통해 실현되는 것이었다. 따라서 집은 "우리의 생활에 필수적인 도구나 기계가 아름다운 것과 마찬가지로, 물리적으로나 정신적으로 아름다워야 했다."[2] 그러나 대량생산과 새로운 미학에 의한 건설방식과 그에 따른 일련의 변화로 인해, 건물의 준공 이후에 벌어지는 상황, 즉 건물의 수명을 비롯해 유지와 관리상의 여러 문제를 예측하기가 매우 어려워졌다.

그 주요 원인은 새로운 건설방식에 대한 경험 부족에도 있었지만, 건설자재를 사용할 때 전통적인 것과 새로운 것을 전례 없이 혼합해 사용한 점에도 있었다.[3] 그 결과 건물의 주요부를 이루는 크고 내구적인 부재와 작고 교체 가능한 부재(창, 문, 틀 등) 사이에 존재하던 전통적인 관계에도 변화가 생겼다. 이렇게 되니 대부분의 근대 건축물에선 교체할 수 있는 부재의 수가 전통건축물보다 더 늘어나게 되었다. 이 같은 문제는 하중을 지탱하는 구조체가 다양한 외피로 씌워지는 대형 건물에서 특히 두드러지게 나타났는데 이는 건물에 대응하는 자동차 부품 간의 관계와도 유사했다. 하지만 건물의 구성요소는 그리 간단히 교체할 수 있는 것이 아니어서 실제로 그렇게 되지는 않았다. 대신 교체 가능한 부재가 '출현'했다. 부재의 수가 증가하면 부재의 연결지점도 많아지고 통합적인 구조보다는 병렬적인 접합부가 늘어난다. 이 경우 접합부는 통상 실런트라 불리는 풍화 방지용 밀폐제로 마무리되는데 이는 자연재해 등으로 건물의 구조 자체가 흔들리는 경우를 고려하면 그리 효과적인 해결책이 아니다. 접합부가 늘어나자 자연의 영향을 직접 받는 건물 부위도 많아졌다.

　건설 산업 분야에선 기계화가 진행됨에 따라 건축가가 시공자에게 더 많은 양의 정보를 제공해야 했다. 변수가 많은 현장에만 맡겨 둬선 안 되었기 때문이다. 전기와 설비시설의 사용이 늘어나면서 분야별 전문화가 이루어지고 또 기존 공업제품의 생산규격과 마찬가지로 제조사의 제품 사양에 따라 건물이 지어지는 경향이 나타났다.[4] 공식기관에 의해 제정된 이러한 표준 규범은 소비자에게 생산과 시공의 품질을 보장하는 수단으로 간주되었으며, 건축가가 새로 만든 도면과 문서로 보완되었다. 따라서 뭔가 창조의 자유가 주어지는 듯했으나 결국 창조의 한계를 드러내는 상황으로 귀결되고 말았다.

　대량생산 부품을 많이 활용한 건축물은 건축가와 시공자 사이의 관계에도 변화를 일으켰는데, 이는 전통적인 시공방식에서 시공자가 갖고 있던 건설 노하우의 역할이 크게 줄어들고 대신 건축가와 면밀히 규정된 건설 공정에만 의존하게 된 탓이다. 이제 건축가가 시공지침을 제시하지 않으면 공사가 진행될 수 없게 되었다. 결과적으로 건축가의 불충분한 지침과 시공자의 서투른 솜씨가 건축물의 물리적 쇠락을 초래하는 원인이 되고 말았다. 이처럼 건설 과정에서 시공자가 건축가에게 종속되는 상황이 되자 이들 간의 역할도 뒤바뀌었다. 이전에는 "건축가 양반gentle architects"들도 실제로 건물을 세우는 과정에선 시공자의 건설 노하우에 의존하고 있었다.[5] 그러나 시공자의 전통적인 역할이 사라지면서 시공의 어려움이 가중되고 자연환경에 노출된 건물의 수명을 예측하기도 더 어려워졌다.

근대건축 초기에는 풍화에 의해 건축부재가 파손되는 경우가 많았으나 최근에는 이를 효과적으로 대체하는 건축이 가능해졌다. 효율적인 건축물은 건설과정의 특정 측면을 보완함으로써 가능해졌는데, 설계도면으로 작업해온 건축가들은 이제 공사과정에서 시공자들이 준수해야 할 사항을 현장 감독에게 지시한다. 공사과정이 이렇게 바뀌자 다른 측면의 효율, 즉 자본투자의 경제성이 크게 높아졌다. 그 결과 두 가지 현상이 나타난다. 첫째는 건설기간이 줄어들어 계획 시점부터 입주 시점 사이의 기간이 짧아졌다는 점, 둘

째는 사회정치적 요구와는 별도로 근대건축에서 발전된 기술과 대량생산 부재를 사용하는 건설방식을 따르게 되었다는 점이다. 그리고 이 새로운 시공법은 건설속도의 효율성에 대한 기대치와 함께 단계별 건축생산에도 영향을 미쳤다. 또한 설계 단계에서부터 필요한 자료를 모두 신속히 제공해야 했으므로 가급적 변형을 하지 않고 동일한 사양과 디테일을 반복적으로 사용하는 경우가 많아졌다. 이 건설방식은 시간과 돈을 절약하고 익숙하지 않은 건설 과정에서 발생할 수 있는 문제점을 줄여준다. 하지만 아이러니한 현상도 나타났는데, 더 많은 선택 가능성을 보장해야 할 대량생산 시스템이 실제로는 틀에 박힌 선택으로 이끌었다는 점이다. 한편 컴퓨터의 사용이 늘어나고 자동화된 생산방식이 보급되면서 더 큰 변화가 일어났다. 컴퓨터는 전례 없는 정보의 저장능력 때문에 입력된 정보에 의한 설계나 디테일을 반복해서 적용하고 수정하는 작업이 쉽다. 그러나 반복 적용이 쉬워지자 한 번 정해진 내용을 되풀이하는 경우가 많아진 반면, 새로운 아이디어를 내는 일은 줄어들었다.[6]

이런 변화는 다른 국가들보다 몇몇 특정 국가들에서 더 현저히 나타났다. 포르투갈의 건축가 알바로 시자는 동일한 건축자재가 유럽 전역에서 사용된다는 의견에 의문을 제기하며, 포르투갈과 네덜란드가 자재를 선택하고 조합하는 양상은 다르다고 지적했다.[7] 네덜란드에선 소비자가 지불 능력만 있으면 건축자재를 폭넓게 선택할 수 있었다. 하지만 선택 가능한 자재가 너무 많다 보니 이것저것 사용하는 경우가 많아서, 어느 한 자재를 제대로 사용해보는 경험을 쌓을 기회가 거의 없었다는 것이다. 이와는 대조적으로 포르투갈에선 입수 가능한 자재가 많지 않아 선택의 폭이 좁았고, 그 결과 시공자들은 자신들이 구할 수 있는 자재의 범위 안에서 더 깊은 경험을 쌓을 수 있었다. 또 네덜란드에선 건축자재에 관한 지식이 대중 서적이나 제품 카탈로그로도 다루어졌고 이런 내용이 컴퓨터로 정보화됨에 따라 이에 대한 추상적인 감각이 형성되었다. 시자에 따르면 이 같은 경향은 "사람들이 예측한 대로, 첫 번째 폭풍이 몰려와서 자연이 그 힘을 드러내 보여주기 전까지만 붙어 있는" 건물들에서 잘 나타났다.[8] 건축자재에 결함이 발생하는 현상은 지역마다 다르고, 또 전 세계에 걸쳐 동일한 기술이 사용된다고 해도 개별 지역의 특성이 항상 고려되는 것은 아니라는 것을 보여주는 사례다.

산텔리아 유치원(1935-1937)
주세페 테라니
코모, 이탈리아

AUTOMOBILES 123

DELAGE, 1921

If the problem of the dwelling or the flat were studied in the same way that a chassis is, a speedy transformation and improvement would be seen in our houses. If houses were constructed by industrial mass-production, like chassis, unexpected but sane and defensible forms would soon appear, and a new æsthetic would be formulated with astonishing precision.

There is a new spirit: it is a spirit of construction and of synthesis guided by clear conception.

Programme of *l'Esprit Nouveau.*
No. 1. October 1920.

IT is necessary to press on towards the establishment of *standards* in order to face the problem of *perfection*.

The Parthenon is a product of selection applied to an established standard. Already for a century the Greek temple had been standardized in all its parts.

들라주 자동차(1921)
르 코르뷔지에의 『건축을 향하여』에서 인용

스포츠 센터
리옹, 프랑스

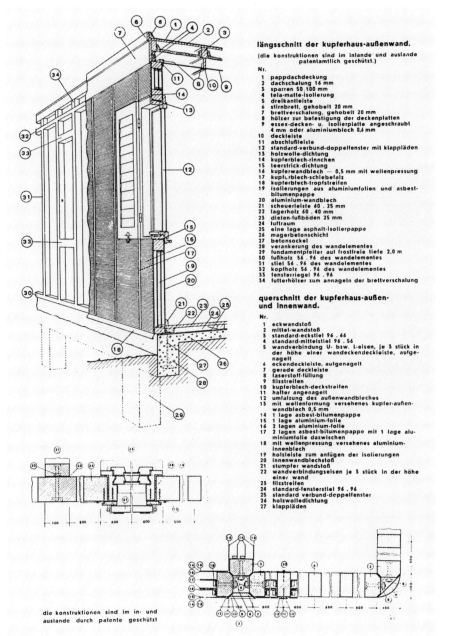

längsschnitt der kupferhaus·außenwand.

(die konstruktionen sind im inlande und auslande patentamtlich geschützt.)

Nr.
1 pappdachdeckung
2 dachschalung 16 mm
3 sparren 50.100 mm
4 tela·matte·isolierung
5 dreikantleiste
6 stirnbrett, gehobelt 20 mm
7 brettverschalung, gehobelt 20 mm
8 hölzer zur befestigung der deckenplatten
9 essex·decken· u. isolierplatte angeschraubt 4 mm oder aluminiumblech 0,6 mm
10 deckleiste
11 abschlußleiste
12 standard·verbund·doppelfenster mit klappläden
13 holzwolle·dichtung
14 kupferblech·rinnchen
15 teerstrick·dichtung
16 kupferwandblech — 0,5 mm mit wellenpressung
17 kupferblech·schiebefalz
18 kupferblech·tropfstreifen
19 isolierungen aus aluminiumfolien und asbest·bitumenpappe
20 aluminium·wandblech
21 scheuerleiste 60 . 25 mm
22 lagerholz 60 . 40 mm
23 dielen·fußböden 25 mm
24 luftraum
25 eine lage asphalt·isolierpappe
26 magerbetonschicht
27 betonsockel
28 verankerung des wandelementes
29 fundamentpfeiler auf frostfreie tiefe 2,0 m
30 fußholz 56 . 96 des wandelementes
31 stiel 56 . 96 des wandelementes
32 kopfholz 56 . 96 des wandelementes
33 fensterriegel 96 . 96
34 futterhölzer zum annageln der brettverschalung

querschnitt der kupferhaus·außen· und innenwand.

Nr.
1 eckwandstoß
2 mittel·wandstoß
3 standard·eckstiel 96 . 66
4 standard·mittelstiel 96 . 56
5 wandverbindung U· bzw. L·eisen, je 3 stück in der höhe einer wandeckendeckleiste, aufgenagelt
6 eckendeckleiste, aufgenagelt
7 gerade deckleiste
8 faserstoff·füllung
9 filzstreifen
10 kupferblech·deckstreifen
11 hafter angenagelt
12 umfalzung des außenwandbleches
13 mit wellenformung versehenes kupfer·außenwandblech 0,5 mm
14 1 lage asbest·bitumenpappe
15 1 lage aluminium·folie
16 2 lagen aluminium·folie
17 2 lagen asbest·bitumenpappe mit 1 lage aluminiumfolie dazwischen
18 mit wellenpressung versehenes aluminium·innenblech
19 holzleiste zum anfügen der isolierungen
20 innenwandblechstoß
21 stumpfer wandstoß
22 wandverbindungseisen je 3 stück in der höhe einer wand
23 filzstreifen
24 standard·fensterstiel 96 . 96
25 standard verbund·doppelfenster
26 holzwolledichtung
27 klappläden

die konstruktionen sind im in· und auslande durch patente geschützt

「성장하는 집」(전시, 1932), 단면도
발터 그로피우스
베를린, 독일

에어로 알루미늄 주택(1948)
런던, 영국

다이맥시온 이동주거(1940-1941)
버크민스터 풀러

구세군 회관의 노숙자 쉼터(1929-1933), 오리지널 파사드
르 코르뷔지에
파리, 프랑스

구세군 회관의 노숙자 쉼터(1929-1933), 준공 후 설치된 파사드 차양
르 코르뷔지에
파리, 프랑스

'조립식 부품kit of Parts'으로 만들어진 건물은 그 자신의 터전인 대지와의 관계도 변화시켰다. 이제 건축은 어느 곳에서나 조립과 시공이 가능해져 지역 고유의 환경과 기후 조건은 큰 의미가 없다. 이런 현상은 아이러니하게도 장소에 구애받지 않는 건축을 만들어냈다. 어느 지역에서나 예상되는 기후와 그에 따른 풍화현상의 다양성은 이 같은 건축 생산방식과는 조화를 이룰 수 없다. 오래된 건축물은 그 이전에 존재했던 형태와 유사한 요소로 구성되는 법인데, 근대건축은 이러한 흐름을 따르면서도 건물을 장소와 조화시키는 요소는 감소하는 특징을 보였다. 이런 경향은 다른 문제와 더불어 최근 몇 년 동안 많은 비판을 불러일으켰는데, 예를 들면 알도 로씨가 주장하는 것으로, 기존의 건축형태를 도입함으로써 한 장소를 창조한다는 아이디어다. 그에 따르면 이와 같은 '재창조 remaking'를 통해 그 장소는 비로소 '근원적인 장소locus'라고 부를 수 있는 곳이 된다.

하지만 르 코르뷔지에는 세계의 모든 국가와 기후에 대응할 수 있는 건물을 구상했다. "적절히 조절된 환경"이라는 그의 이상은 어떤 장소에서도 '정상적인 호흡respiration exacte'이 가능한 환경을 만들겠다는 것으로, 모든 건물은 일 년 내내 실내 온도를 섭씨 18도로 유지해야 했다. [9] 르 코르뷔지에는 그의 저서 『빛나는 도시』의

"정상적인 호흡"이라는 장에서, "만약 제대로 된 지침에 따라 만들어지기만 한다면 건축은 시민들의 폐를 구제할 수 있는 양질의 진짜 공기, 신이 주는 공기를 제공할 수 있다는 사실을 발견했다"라고 썼다. 이런 관찰은 생물학적 사실에 근거한 것이지만 (르 코르뷔지에는 리볼리 거리에서 측정한 데이터, 즉 시간당 개인의 몸을 통과하는 공기의 양과 박테리아 수를 인용했다) "도시의 공기는 신이 준 선물이 아니라 악마의 것이다"라는 표제 아래 인류를 구제하기 위한 프로그램으로 구체화되었다. "전 세계를 위한 건축the building for all nations"이 가져온 주요 성과 중 하나는 '단열벽'의 도입으로 가능해진 내외부 공간의 명확한 구분이다. 이는 이중벽으로 이루어져 벽 사이에 각종 설비배관이 가능한 시스템으로, 번햄Banham이 말한 소위 "스페이스 캡슐"처럼 외부로부터 차단된 환경을 만든다. 1935년에서 1936년 사이에 미국을 방문한 르 코르뷔지에가 예견했듯이 이런 시스템은 실제로 윌리스 캐리어가 발명한 공기 조절 장치의 도움으로 가능해졌다. [10] 여기에는 사실상 두 개의 공기 흐름이 존재하는데, 하나는 이중 유리 사이의 공기이고 다른 하나는 닫힌 실내 공간에 흐르는 공기다. 후자는 공기가 '오존 처리된' 곳으로 일정한 온도와 습도로 깨끗하게 유지돼야 했다. 이런 이유로 건물의 외벽은 폐쇄적으로 만들어질 수밖에 없었고 입주자들이

밖으로 몸을 내밀 수 있는 원형창portholes을 제외하고는 아무리 르 코르뷔지에라 하더라도 환기용 개구부를 낼 수 없었다.

통제 가능하고, 건강하며, 상징적 의미도 있는 환경에 대한 이 같은 열망의 결과가 바로 르 코르뷔지에의 매끄러운 건물 외관으로 나타났다. 이제 쾌적한 공기 질을 갖춘 대기환경은 삶의 기본 조건이 되었고, 건물은 진정한 '안식처Cité de Refuge'가 되었다. 다만 풍화작용의 관점으로 볼 때 이렇게 지어진 건물들은 외피에 가해지는 빗물의 흐름을 제어하여 풍화를 막을 수 있게 특별히 설계된 건축 요소가 사라지고, 창문을 여닫아 실내온도를 조절할 수 있는 가능성도 제거해버리는 결과를 낳았다. 파리에 위치한 구세군 회관에서 르 코르뷔지에가 설계한 유리 벽면은 원래 단열벽으로 의도한 것이지만, 예산상의 제약으로 단판 유리면으로 시공한 탓에 실내온도를 섭씨 18도로 유지하는 데 완전히 실패했다. [11] 원안대로 설치된 밀폐 유리벽은 여름이 되자 실내를 온실처럼 만들어버렸다. 관리처는 결국 눈에 띄지 않고 개폐가 가능한 창문인 '마법의 창문 fenêtres d'illusion'을 설치하고 나중에 외부 차양을 추가 설치할 것을 지시했다. 건축가의 반대에도 불구하고 취해진 이러한 추가 조치 덕분에 유리벽은 이 장소에 맞게 변형되었고 태양열 흡수량도 줄일 수 있었다. 이처럼 발명 단계부터 실패를 거쳐 최종 개선

책에 이르기까지 이 창문의 변천사가 보여주는 것은, 무엇이든 처음부터 완전히 새로운 것을 만들어내기란 매우 어렵다는 사실이다. 하지만 이런 실패 사례에서 새로운 해결책이 나오는 법이다.

산텔리아 유치원 근처의 거리
코모, 이탈리아

시민의 집(1937-1939)
장 푸르베, E.보두앵, V.보디안, M.G.로의 공공작업
클리시, 프랑스

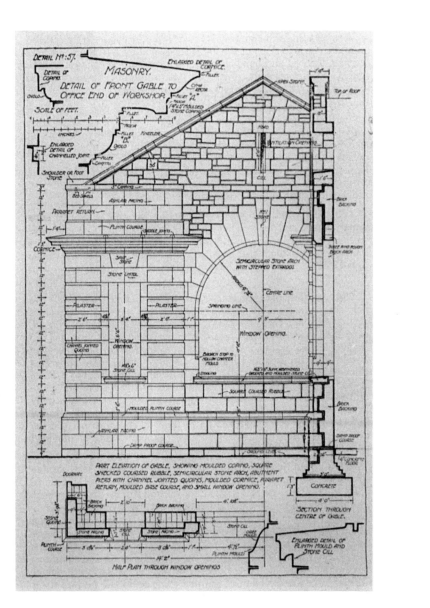

'빗물받이'를 보여주는 박공벽 상세도
W.R.자가드의 『건축물의 시공』에서 인용

콜베르 거리
파리, 프랑스

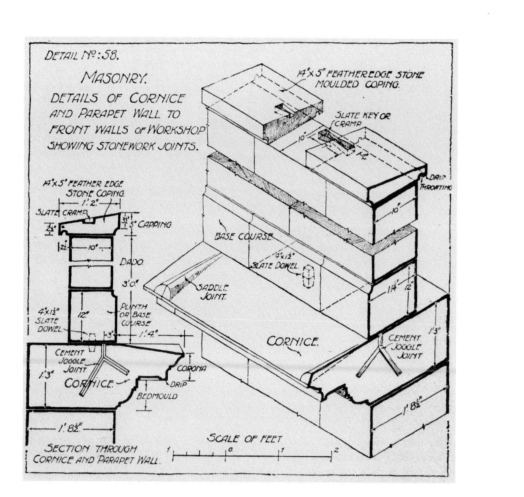

'배수물매'를 보여주는 코니스 상세도
W.R.자가드의 『건축물의 시공』에서 인용

팔라초 두칼레(1340-1419)
필리포 칼렌다리오
베네치아, 이탈리아

드 비엔코르프 백화점(1955-1957)
마르셀 브로이어, A.엘자스
로테르담, 네덜란드

팔라초 마씨모 알레 콜론네(1532년 착공)
발다싸레 페루치
로마, 이탈리아

성 안드레아 성당(1472-1514)
레온 바티스타 알베르티
만토바, 이탈리아

성심 성당(1872-1912)
폴 아바디
파리, 프랑스

팔라초 델 테(1526)
줄리오 로마노
만토바, 이탈리아

팔라초 델 테(1526)
줄리오 로마노
만토바, 이탈리아

팔라초 델 테(1526)
줄리오 로마노
만토바, 이탈리아

The firſt ruſticall woꝛkes were made in this manner, that is, pieces of ſtone roughly hewen out; but the ioyning together were pꝛopoꝛtionably made.

After, they deuided the ſtones in moꝛe pꝛopoꝛtion and ſhew, with flat liſts, and foꝛ moꝛe beautie, and foꝛ oꝛnaments ſake made theſe croſſes in them.

Other woꝛkemen bꝛought in wꝛought Diamonds, and made them decently in this manner.

And in pꝛoceſſe of time, things altered: woꝛkemen foꝛ flat Diamonds, ſet flat tables, and raiſed them ſomewhat higher, as in this Figure is to be ſeene.

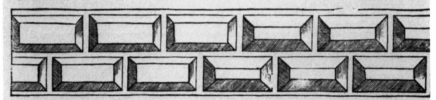

Some other woꝛkemen vſed moꝛe differences and ſeemelyer woꝛke, neuertheleſſe, all ſuch woꝛkes haue their oꝛiginall from ruſticall woꝛke, which is yet commonly called, Woꝛks with poynts of Diamonds.

Here endeth the maner of Thuſcan woꝛke, and now followeth the oꝛder of Doꝛica.

러스티케이션
세바스티아노 세를리오의 『건축 5서』, 4권에서 인용

팔라초 메디치-리카르디(1444)
미켈로초 디 바르톨로메오
피렌체, 이탈리아

팔라초 델 트리부날레(1512)
도나토 브라만테
로마, 이탈리아

팔라초 루첼라이(1446-1451)
레온 바티스타 알베르티
피렌체, 이탈리아

팔라초 루첼라이(1446-1451), 정면도
레온 바티스타 알베르티
B.프레이어의 『조반니 루첼라이』에서 인용

팔라초 루첼라이(1446-1451), 벽면 세부
레온 바티스타 알베르티
피렌체, 이탈리아

팔라초 주카로(1579)
페데리코 주카로
피렌체, 이탈리아

칼스플라츠 전시관(1894-1901), 기둥 하부
오토 바그너 & 요제프 올브리히
빈, 오스트리아

성 레오폴트병원 교회(1903-1913)
오토 바그너
빈, 오스트리아

우편예금국(1904-1906)
오토 바그너
빈, 오스트리아

전화국(1927-1930)
J.F.스탈, G.J.랑하우트
암스테르담, 네덜란드

풍화작용에 의해 부재가 분해되거나 붕괴되는 현상은 '기능적 쇠락'이라 할 수 있다. 하지만 근대건축의 비평에서는 침식에 따른 표면층의 변형과 풍화에 의한 오염의 축적 현상이 자주 언급되었는데, 이는 윤리적인 문제를 내포하는 물리적 현상이기도 하다. 이런 형태의 표층변화는 건물을 보기 좋게 또는 보기 싫게도 할 수 있으므로 심미적 쇠락이라고 부를 수 있다.[12] 눈에 거슬리는 풍화현상은 빗물의 낙수효과나 먼지, 그을음이 건물 표면의 특정 부위에 집중해서 발생할 때 나타난다. 이런 결과는 떨어지는 빗물을 막아주는 돌출부, 즉 창턱, 갓돌, 물받이 등의 디테일이 잘못된 곳이나 매끄러운 외벽에서 흔히 두드러지게 나타난다. 특히 건물의 외장을 석회암이나 콘크리트처럼 다공성 재료로 마감한 경우에 외관이 심하게 손상된다. 빗물은 공기나 주변 토양에서 나오는 먼지를 건물 표면에 침전시키거나 다공성 표면 위에 사용된 재료에서 염분을 녹여내려 흔적을 남길 수 있다. 바람에 실려 온 오염물질은 지면층과 수평으로 나 있는 지상층의 평탄한 표면에 쌓인다. 이렇게 쌓인 퇴적물과 빗물에 의한 얼룩은 건물의 전체 외관을 놀라울 정도로 바꿔놓는다.

전통적인 건물에서는 빗물에 직접 노출되는 것을 막아주는 요소들을 설치하여 풍화를 지연시키려 했다. 이런 사실은 근대건축에도 잘 알려져 있었다. 르 코르뷔지에는 자신의『작품전집Oeuvre Complète』에서 페레가 한 말에 동의하며 그의 말을 인용하고 있다. "장식은… 늘 시공상의 결함을 숨긴다." 그는 이런 결함을 없애려고 노력했다. 외기에 노출되는 부분을 줄여 부재의 쇠락을 늦추고 넓은 면적을 단일 재료로 마감하면 건물 수명을 연장하는 효과가 있었다. 사실 '풍화weathering'라는 단어는 원래 외벽면에서 돌출되게 하여 빗물 침투를 막는 '빗물받이' 기능을 하는 건축요소를 의미하는 것이었다. 이 용어는 또한 벽이나 버팀대의 경사면 처리 또는 빗물의 침투를 막기 위해 물매가 잡힌 표면을 뜻하기도 한다. 이런 의미는 현재에도 비막이널weatherboard이나 문풍지weatherstrip, 내후성 자재weatherproofing 같은 용어에 남아 있다. 일반적으로 기후의 영향을 제어하는 재료나 장치를 통칭하여 '내후성 마감 weathering'이라고 표현하지만, 이는 기후가 영향을 미치는 '과정'과 그 과정을 제어하는 '물체'를 모두 의미하게 되었다. 노후화를 지연시키기 위해 만들어진 요소들(창턱, 처마, 갓돌 등, 온갖 종류의 '내후성 장치'는 전통 건축물은 물론이고 일부 근대건축의 디자인에 통합되었다. 내후성 마감의 형태는 대부분 한 재료에서 다른 재료로, 예를 들면 돌에서 주석 판으로 바뀌면서 변형되었다. 이러한 요소들은 전통적인 디자인에서는 항상 명확히 나타나 있었지만 근대 건축물에서는 제거되는 경우가 있어 새로운 밀폐재가 필요했다. 계속 '새로운 것'을 찾다 보니 나중에는 내후성 자재 자체가 내후성 마감이나 장치를 대신하게 되었다. 한편 내후성 자재의 외양은 그 소재만큼이나 중요했으며 그 결합방식 또한 중요했다. 돌을 쌓을 때는 가장 강한 면을 외기에 노출되는 쪽에 놓아야 한다. 또 벽 자체의 자중으로 인해 돌이 깨지는 것을 막기 위해선 석재의 결을 수직이 아니라 수평 방향으로 놓아야 한다는 사실도 밝혀졌다. 벽을 쌓을 경우에도 개별 석재의 올바른 위치는 채석장에서 돌을 캐기 전의 원석 위치에 따라 영향을 받는다. 채석장 안쪽에 묻힌 결이 있는 돌은 건물의 외부에 놓아야 하고, 결을 가로질러 절단했을 때 강도가 가장 높아진다. 그러므로 건물 속에 놓인 개별 석재를 보면, 돌이 모체로부터 분리될 때의 위치를 알 수 있으며 이후 진행되는 풍화과정에서의 변화도 예측할 수 있다.

표면의 노후화를 늦추기 위해 몰딩이나 움푹 들어간 면을 만들기도 하지만 결국은 더러워져 그을음과 흰색 도료를 같이 칠한 듯한 백화현상whitewash effect이 나타난다. 이는 석조 건축에서 흔히 볼 수 있는 현상으로 불가피한 것이다. 이러한 효과는 건물 외벽에 빛과 그림자를 동시에 나타내려는 의도였다는 그럴듯한 해석도 있다. 베네치아에는 이에 걸맞은 건축물이 많은데 팔라초 두칼레가 좋은 사례다.

이런 의미에서 보면 창조 행위란 건축가와 시공자가 자연의 힘을 예측하면서 작업하는 가운데 생기는 것임을 알 수 있다. 이렇게 해서 생긴 건물 표면의 밝은 부분과 어두운 부분의 대비는 건물 외관에 영구적으로 새겨지는 음영을 만든다. 빛과 어둠의 대비는 또한 뚜렷한 것과 모호한 것의 대립이며 실제와 가상 사이의 긴장이다. 팔라디오의 작품에는 이 같은 대비가 수준 높게 표현되어 있는데 이는 미켈란젤로가 글과 스케치로 깊이 파고든 주제, 즉 '살아 있는' 돌과 '죽은' 돌로 표현되는 정신과 물질의 대비라는 테마와 유사한 것이다. 풍화현상을 부정적인 것으로 볼 수도 있겠지만 이런 건축가들의 작품에서 확인할 수 있듯이 건물 외관의 음영효과나 불가피한 풍화의 흔적을 또 다른 관점에서 바라보고, 이를 시간의 흐름에 따라서 건물이 풍요롭게 변화하는 과정으로 인식하는 것도 가능하다.

이 같은 인식은 물론, 건물 표면의 노후화가 진행되면 종국에는 건물이 파괴되고 말 것이라는 생각과 분리될 수 없다. 오염물질이 쌓이는 현상은 한편으론 건물을 풍요롭게 하는 과정이자 달리 보면 건물을 파괴하는 과정이다. 그러니 이를 방치할 경우, 건물을 풍요롭게 만들 가능성은 건물의 파괴라는 결과로 이어지게 된다.

최근 팔라초 델 테Palazzo del Tè의 '중정' 파사드가 복원되었지만 이전에 이 건물은 '데드 마스크'를 뒤집어쓴 건축의 완벽한 사례였다.[13] 건축가 줄리오 로마노는 분명 건물의 노화를 예상했을 것이다. 하지만 중요한 것은, 그가 풍화에 대한 예측을 어떻게 '다듬지 않은' 재료의 사용과 연관시켰는지 하는 점이다. 팔라초 외벽과 정원 벽면은 위치에 따라 다르게 처리되었는데 복원된 후의 외벽 상태는 로마노의 원래 구상과는 아주 다른 것이 되었다. 그러나 입구 통로에 늘어선 기둥들은 마치 채석장에서 바로 가져온 듯, 거친 표면 그대로다. 이와는 대조적으로 팔라초 내부의 기둥은 인접한 회벽 표면처럼 매끄럽게 마감되었다. 정원의 인공석굴grotto 내부 기둥은 조개껍질과 돌, 주변 경관의 불규칙한 배경을 닮은 벽에 둘러싸였는데, 거의 형체를 알아볼 수 없거나 거칠게 처리되었다. '중정'의 외관이 이러한 요소들로 섞여 있는 것은 줄리오 로마노가 만토바 지역 기후의 영향을 예상했기 때문일 것이다. 이 궁전은 시골 지역에 지어진 것으로, 그 외관은 두 가지 효과에 유념하여 의도적으로 마감되었다. 우선 환경의 영향으로 인한 노후화를 막고, 그 후에 자연이 다시 마무리를 한 듯 보이는 표면을 만드는 것이었다. 따라서 투박한 주변 환경을 디자인의 관점에서 해석한 팔라초의 외관은 도시와 시골, 인공과 자연이라는 대조적인 세계를 결합함으로써 건물의 완성 시점이 바로 변화의 시작이라는 점을 암시하려는 의도로 볼 수 있다. 건물의 재생과 퇴화를 조합한 이 디자인은, 자연의 시간이야말로 사물의 시작이자 끝, 좀 더 넓은 의미로는 삶과 죽음의 질서라는 사실을 강조한다. 이러한 주제는 건물 내부의 프레스코 작업에서도 나타난다. 이 같은 건물의 외관과 그 배경이 되는 환경 사이의 관계는, 대지의 상황뿐만 아니라 건축 양식을 묘사하기 위해서 사용된 '거친rustic'이라는 용어에서도 분명히 드러난다.

바자리Vasari에게는 이른바 거친 마감the Rustic이 기둥 양식 중 가장 단순하고 '소박한' 투스칸 양식을 대체할 만큼 중요한 것이었다.[14] 이 양식은 요새나 도시 외곽의 성벽처럼 거친 외관을 갖춰야 했던 벽면의 건설방식에 적합했다. 거친 외관의 석조 건물에선 서로 접하는 석재 면은 매끄럽게 다듬어야 했지만, 각 석재의 앞면은 벽면에서 튀어나오게 처리했다. 이렇게 형성된 요철 면은 거칠고 불규칙하게 또는 매끄럽고 균일하게 처리된다.

'러스티케이션rustication'으로 통칭되는 이 기법은 공사과정에서 시간과 노력을 절약해주었기에 이 방식으로 지어지는 건물이 많았던 고대사회에선 합리적인 선택이었다고 볼 수 있다. 이 방식은 신전의 기단이나 방화벽에 사용되었는데, 특히 클라우디우스 황제 시대에 널리 퍼졌다. 그중 대표적인 사례는 첼리오 언덕

Caelian Hill에 있는 클라우디우스 황제 신전의 기단을 이루는 거대한 벽과 포르타 마조레Porta Maggiore이다. 두 경우 모두 트래버틴 석재가 사용되었다. 이 방식을 건물의 정면 전체에 적용한 경우도 있었다.

르네상스 시대에는 이 러스티케이션 기법이 팔라초 피티Palazzo Pitti나 스트로치Strozzi 같은 건물 정면 디자인의 주요 모티브가 되었다. 아마 가장 훌륭한 예로는 로마의 줄리아 가도Via Giulia에 있는 브라만테Bramante의 미완성작인 법원Tribunal 건물일 것이다. 여기서는 러스티케이션 기법이 실용적인 이유에서뿐만 아니라 건축 디자인의 측면에서도 의미심장하게 사용되었다. 알베르티Alberti가 설계한 팔라초 루첼라이Palazzo Rucellai에는 건물 정면에 사용된 실제 석재 덩어리와 러스티케이션 기법으로 처리된 마름돌 표면 사이에 일치하지 않는 부분이 있다. [15] 건물 정면을 규제하는 주요 선들은 깊게 새겨져 있으나 석재 덩어리와 마름돌이 만나는 접합부가 모두 일치하진 않는다. 여기서 건물 정면을 덮고 있는 러스티케이션 '효과'는 이러한 접합부의 불일치를 눈에 띄지 않게 하여 건축의 완성도를 높여주는 역할을 한다. 알베르티에게는 이 방식이 표현상의 의미를 갖고 있었는데, 그는 러스티케이션 기법이 갖는 투박하고 위협적인 효과에 대해 언급하기도 했다. [16] 또한 거칠게 깎은

커다란 석재는 건물에 위엄을 더해주는 효과도 있다고 생각했다. 그는 가장 단단하고 불규칙한 석재를 벽 아래쪽에 놓을 것을 권했다. 알베르티는 "신전The Temple"이란 글에서 이를 윤리적인 관점으로 다루었는데, 그 내용은 신전의 기단 하단부에 있는 돌들이 불공정한 대우와 낮은 위치에 분개한 나머지 부당하게 자신들의 위에 자리 잡은 돌들에 대항하여 반란을 일으키기로 했다는 것이다. 어리석은 돌들이 혁명을 일으킨 결과 신전 전체가 붕괴되었고 결국 폐허가 되고 말았다는 것이다. 이 이야기에서 우리는 "자신의 위치를 모르는 자는 모두 정상이 아니다"라는 표현으로 드러낸 그의 생각을 엿볼 수 있다. [17]

이처럼 석재의 마감과 배치 방식에 일정한 기준이 있었지만 알베르티와 후대의 건축가들은, 매끄러운 부분과 함께 거친 마름돌을 조합하는 방식을 건물의 모든 부분에 활용했다. 팔라초 델 테에 '거친 마감rustica'과 매끄러운 표면이 병치된 것을 보고 세를리오는 자연과 인공의 혼합과 대비를 효과적으로 표현한 것이라 평했다. [18] 이 같은 혼합방식은 매너리즘 건축에선 흔히 나타나는 현상이다. 곰브리치Gombrich는 팔라초 델 테에 관한 그의 탁월한 논문에서 "이성reason"과 "충동libido"이라는 용어를 사용하여 예술과 자연 사이의 이중성을 현대 심리학의 관점에서 설명하고 있다. [19]

러스티케이션이 갖는 표현적인 가치는 근대 건축가들도 잘 알고 있었다. 오토 바그너Otto Wagner는 빈의 칼스플라츠역 Karlsplatz Station 건물의 외벽 기단부에 거칠게 마감한 화강석을 사용했다. 여기서는 비교적 얇은 화강암 패널이 하중을 받는 구조체에 부착되어 있다.[20] 구조체와 피복재 사이의 접합부를 디자인하면서 바그너는 석재의 얇은 단면뿐만 아니라 그 내구성도 강조함으로써 러스티케이션 기법의 특징을 효과적으로 보여주었다. 그러나 스타인호프Steinhof에 있는 성 레오폴트 교회St. Leopold's church에서는 전통적인 기법을 뒤집는 형식으로 러스티케이션 기법의 의미를 되살렸다. 외장재로 쓰인 대리석판 사이의 접합부를 가로지르는 수평 띠가 이 건물에선 건물 표면에서 약간 돌출되게 부착되었는데, 이것은 깊게 파인 홈으로 처리했던 전통적인 방식을 뒤집은 것이다. 더욱이 수평 띠 바로 아래의 벽면을 파고들어 간 창문들은 얇은 대리석 판이 하중을 받지 않고 있다는 것을 보여주는데 이는 러스티케이션의 실용적인 용도와는 상반된다. 또 외관이 전통적인 건물 형태와 비슷해 보여도 실제로는 전혀 다르다. 이런 차이점은 벽돌로 된 내력 벽체에 피복 패널을 고정하는 볼트의 사용법에서 뚜렷이 나타난다. 여기서 볼트는 패널의 얇은 두께와 가벼움까지 드러내며 동시에 건물의 연륜을 보여준다. 건물 외벽

을 피복재로 처리하는 것이 대세가 된 상황에서 이 건물은 기후 조
건과 풍화 가능성에 어떻게 대응할 것인가에 대한 의문을 제기하
고 있다.

환경적 요인은 건물의 표면층에 어떤 영향을 끼치는가? 먼저 근대건축 초기의 매끄러운 표면층에 대해 생각해보자. 이 건물들의 평탄성은 예외 없이 하중을 받는 구조체에 부착된 얇은 피복재에서 비롯된 것이고 이들 사이의 접착력이 외부 마감재의 내구성을 결정하는 요소였다. 이와는 대조적으로, 고대는 물론 현대에 이르기까지 벽돌과 석재를 사용한 건물에선 비바람에 노출되는 부분을 두껍게 만들었다. 벽 두께가 두꺼워지면 대개 내구성이 커지므로 내구성은 벽 두께에 비례한다고 볼 수 있다. 풍화로 인해 표면이 부식되면 내부의 물질이 새로운 표면층을 형성하는데, 하나의 표면층이 떨어져 나가면 곧바로 다른 층이 생긴다. 건물이 비바람에 노출되면 오염물질이나 잔여물이 쌓이며 이때 추가되는 것과 제거되는 것이 함께 만들어내는 결과가 바로 그 건물의 생애를 증언하는 기록이 된다. 이는 "과거의 기억에 얽매이지 않고, 과거를 있는 그대로 보며 거기서 현재의 모습을 창조한다"는 의미에서 그렇다.[21] 이런 점에서 세월을 견딘 건축은 과거의 의미, 즉 현재에 속하면서 동시에 미래를 내다보는 과거를 암시한다.

역설적으로 풍화는 뺄셈을 통해 이미 존재하는 것을 만들어낸다. 이런 풍화작용은 예술과 자연의 역할을 뒤바꾸어 놓았다. 디자인의 관점에서 볼 때 예술은 자연을 형상화하는 힘 또는 그 동인으

차라의 집(1925-1927)
아돌프 로스
파리, 프랑스

바르톨로메우스 룰로프스트라트 집합주거(1922–1924)
J.F.스탈
암스테르담, 네덜란드

솔라-부스카 정원 내에 세워진 주거시설(1924-1930)
알도 안드레아니
밀라노, 이탈리아

로 인식되어 왔다. 그러나 건축의 생애나 생존 기간이란 점에서 보면, 자연은 완성된 예술작품을 '재창조'한다. 이 재창조 과정이 멈추지 않고 계속되면 원래의 건물 표면에는 녹이 슬게 되고, 시간이 흐르면서 "생성된 피부"[22]가 표면을 완전히 덮게 된다. 예술작품과 그것이 놓인 장소 사이의 갈등 관계가 축적되어 새로운 표면이 전체를 지배해버리는 것이다. 이러한 현상은 건축에서 유기적 형태를 모방하는 것과는 다르다. 예컨대, 아르누보 양식의 건축이 자연을 '닮으려고' 노력한 반면, 풍화에 따른 건물 표면층의 변화는 자연환경의 '작용'에서 나오기 때문이다. 아르누보 양식의 건물에서는 '상상력이 결핍된 literal' 모방에 그친 결과, 아르누보 초기의 아라베스크나 그로데스크 형상에서 볼 수 있었던 것처럼 '미메시스mimesis'를 가능하게 했던 대상과의 거리 두기가 소홀히 취급되었다.

그렇다면 침전물이 쌓이고, 완벽하게 마감된 건물 모서리가 마모되는 현상에 어떤 가치가 있다는 말인가? 이런 현상은 비극이 아닌가? 아니면 이런 현상은 자연이 모든 예술작품에 대해 가진 정당한 권리를 드러내는 과정인가? 모든 존재가 내면 깊은 곳에 자기소멸로 향하는 성향을 갖고 있는 한, 온전한 몸체를 지니는 존재라면 근원으로 돌아가려는 현상은 이미 그 기질 속에 내포되어 있는 게 아닌가? 타고난 운명으로서의 소멸 말이다. 비극적이긴 하지만 이

포르트 도핀 지하철역(1898-1901)
엑토르 기마르
파리, 프랑스

호텔 기마르(1909-1910)
엑토르 기마르
파리, 프랑스

팔라초 카스틸리오네(1901-1904)
주세페 쏨마루가
밀라노, 이탈리아

같은 변화는 당연한 것이다. 그렇다면 먼지와 마모로 시달리는 건축 작품의 가치는 이 최후의 심판 결과를 드러내는 데 있다. 이는 예술작품이 원래의 위치, 즉 자신이 태어난 장소로 돌아가서 실제로 동화되는 것이다. 건물은 세워진 후부터 주변의 영향을 받는다. 건물은 점차 장소의 특성을 취하게 되고 색깔과 표면 질감도 변한다. 그리고 반대로 주변 환경도 건물의 영향을 받게 된다.

　　그렇다면 오염과 얼룩이라는 문제를 미리 방지할 순 없을까? 이 현상을 피할 수는 없더라도 발생 가능한 결과를 예상하고 대비할 수는 있지 않을까? 더 나아가서 이를 디자인에 통합할 수는 없을까? 오염과 얼룩은 19세기 공장 건물에서 볼 수 있듯이 석재와 금속재 같은 두 재료를 조합해 사용할 때 흔히 생기는 현상이다. 구리가 산화하여 빗물에 씻기면 그 바로 아래쪽에 있는 석재 표면에 녹청이라고 불리는 녹색 얼룩이 생긴다. 얼룩은 다공성 재료인 석재 속으로 스며들어 영구적인 흔적을 남기고 원래의 표면을 변화시킨다. 이런 현상은 해당 색상과 질감을 선택한 설계자의 원래 의도에서 벗어난 것이거나, 설계 과정의 '실수' 때문에 생긴 결과로 볼 수도 있다. 그러나 한편으론 이 같은 오염현상이 특정 장소에 세워진 한 건물에서 서로 관련이 없던 두 재료가 조합되면서, 이질적인 재료를 어떻게 조화시킬 것인가에 관한 논의의 실마리를 제공하는 측면도 있다.

　얼룩과 침식 그리고 표면층에 생긴 흠집은 근대건축 운동이 지향한 '순백whiteness'이라는 이상과는 상반되는 것으로 보인다. 르코르뷔지에는 자신이 쓴 글 "리폴린의 법칙: 흰색 도료 칠The Law of Ripolin: A Coat of Whitewash"에서 몰리에르의 희곡 「수전노 L'Avare」에 등장하는, 물욕에 사로잡힌 수집가 아르파공Harpagon을 예로 들며 그와 같은 캐릭터가 우리에게도 있다는 점을 비난한다.[23] 이 법칙은 그가 당시의 주택이 "마치 봉헌물로 가득 찬 신전이나 박물관처럼 되어서 (거주자의 의식을) 경비실의 수위나 관리인처럼 만들었다"라고 비판하는 대목에서 제기된 것이다. 다마스크damask직물이나 무늬가 있는 벽지를 바른 벽에서는 이런 것들이 보이지 않겠지만, 백색 리폴린 벽면은 '죽은 것들'이 그 표면에 뚜렷한 인상을 남기는 탓에 얼룩이 쌓이거나 부착되는 것에 거부감이 든다. 르 코르뷔지에는 이런 얼룩이 과거의 사건을 간직해서 기억을 떠올리게 한다는 것을 알면서도, 보다 더 생생하고 정확하며 순수한 기억, 즉 '죽은 것들'이 끼어들어 방해하지 않는 기억이 중요하다고 생각했다. 그는 이렇게 썼다. "리폴린의 법칙은 삶의 기쁨, 행동의 기쁨을 가져다줄 것이다. 솔론Solon이여, 우리에게 리폴린의 법칙을 주소서!" 이 같은 언급은 그가 여행차 방문했던 도시에

공공주택(1902-1904)
오귀스트 페레
파리, 프랑스

공작부인 거리 '라라리움'(1800년경)
토마스 호프
런던, 영국

서 발견한 균형 잡히고 조화로운 건축물이, 당시에 어떤 상황에 놓여있었는지 말해주는 듯하다. 그는 옛 동양의 도시가 서구화되고, 장식적인 요소들이 공장에서 제작되어 '죽은 물체'가 되어감에 따라 전통적인 벽면이 소멸위기에 놓였음을 안타까워했다. 전통적으로 돌은 불에 굽고, 분쇄하여 물로 반죽한 후 벽에 발라서 '놀랄 만큼 아름다운 흰색'을 만드는 재료였다. 르 코르뷔지에는 빛(흰색)을 만들기 위해 돌의 본래 성질을 희생시킨 결과, 이 '전통적인' 흰색을 현대의 특징으로 바꿨다. 그의 의도는 현대건축을 전통적인 것처럼 보이게 하려는 게 아니라, 계급 차이를 넘어서 사회정의와 평등의 정신을 표상하는 건축을 만들어 해방의 상징으로 제시하는 것이었다.

새로운 건축의 표면은 당연히 흰색이어야 할 뿐 아니라 균일하고 단순하며 매끄럽고 평활한 외벽이, 하중을 받는 내부 구조체를 감추고 있어야 했다. 또한 대비를 통해서 사물의 윤곽이나 볼륨, 색감 등을 인식하는 데 착오가 없도록 정확히 표현되지 않으면 안 되었다. 흰색은 정직과 신뢰의 상징으로 해석되었다. 숨겨진 아름다움을 드러낸다는 의미에서 '미의 X선'이라 부를 수 있는 흰색 도료는 이처럼 그 윤리성을 내세워 건축을 전통으로부터 해방하는 역할을 하게 되었다. 흰색은 부자와 가난한 사람이 공유할 수 있는 자산으로, 빵이나 물처럼 모든 계층을 하나로 묶어 모든 이가 원하고 즐길 수 있는 색이다. 무언가 부정한 것이 그 위에 놓일 경우, 눈에 거슬릴 것이다. 물체는 흰색 표면에서 눈에 띈다. 그러나 이 배경이 없으면 어떤 형체도 나타나지 않는다. 따라서 흰색 표면은 객관성과 진실의 기반으로 여겨졌다. 그것은 바로 진실의 눈이다. 르 코르뷔지에는 자신의 작품에서 확인했던 이 원리가 다른 건축가의 작품에도 들어있다는 사실을 인정했다. 르 코르뷔지에는 아돌프 로스의 건축을 칭찬하면서 이렇게 썼다. "그는 바로 우리의 발밑까지 쓸어버렸는데 이는 영웅적인 정화작업으로써 정확하고, 철학적이며, 논리적이었다. 이 점에서 로스는 건축의 운명에 결정적인 영향을 끼쳤다." [24] 여기서 말하는 정확성의 의미는 그가 리폴린의 법칙에서 언급한 흰색이 갖는 '미의 X선' 효과와 유사한 것이다.

하지만 로스는 흰색을 다른 관점에서 보고 있었다. 그는 빈에 있는 미하엘러하우스Michaelerhaus의 흰색 회벽면을 설명하면서 모든 도시는 저마다 독특한 색감을 갖고 있는데 빈의 경우는 회벽색을 띤다고 주장했다. [25] 여기서 말하는 흰색은 이 지역의 문화와 건설방식의 결과물일 뿐, 르 코르뷔지에의 경우처럼 모든 장소에 적용 가능한 객관적이고 아름다운 건축마감을 위한 것은 아니다. 이들의 차이는 결국 흰색 건물 표면을 어떻게 보느냐, 즉 사물을 뚜

술탄 마헴베와 두 아들(르 코르뷔지에의 『오늘날의 장식예술』에서 인용)
"흰색을 배경으로 당당히 모습을 드러낸 세 개의 검은 머리는…
우리가 진정한 위대함을 볼 수 있게 해주는 열린 문이다."

렷하게 드러내는 배경으로 보느냐 아니면 사물이 부분적으로 드러나 보이는 막으로 보느냐에 따른 차이다.

그런데 이런 차이는 두 건축가가 디자인한 실내 공간에서 확연히 드러난다. 예컨대, 1920년대에서 1930년대 사이에 지어진 르 코르뷔지에의 빌라 스타인과 사부아villas Stein and Savoye를 보면 내외부에 동일하게 흰색이 사용되어, '객관적인 건축 마감'으로서 그 역할을 하고 있다. 안팎으로 이어지는 흰색은 또한 내외부가 연속으로 흐르는 공간이라는 개념을 뒷받침한다. 이 공간 안에는 규격화된 가구가 제자리에 놓여야 한다. 그의 저서『프레시지옹 Precisions』에서 르 코르뷔지에는 현대식 주거생활의 도구가 전통적인 가구를 대신하고, 캐비닛과 수납장이 대량생산되어 건축가와 거주자가 모두 구입할 수 있도록 해야 한다고 주장했다. 대량생산으로 인해 장인이 만든 수제가구가 지배력을 상실하고, 훌륭한 장인들이 사라지는 안타까운 상황을 초래할 수도 있었지만, 그는 이런 사실을 건축가가 현대라는 시대에 적응하기 위해선 불가피한 일로 여겼다. 캐비닛은 벽체 내부에 삽입되거나 벽면을 따라 배치되고, 거추장스런 가구는 치워져 효율적인 내부공간으로 개방되었다. 이런 의도로 만들어진 가구는, 정상적인 일반 거주자를 위해서 표준화되고 제 기능을 할 수 있도록 인체 치수에 맞춰 제작되었다.

르 코르뷔지에는 "지난날의 옷장이여 안녕!"이라며 실내 공간을 개 개의 특정 거주자가 아니라 당대의 문화 전체를 위해 디자인하려 고 했다.

동일한 결과를 의도했을지는 모르지만 로스는 이 문제에 다르 게 접근했다. 어린 시절 살았던 집을 떠올리며 그는 자신이 '멋진' 집에서 자라지 않았다는 사실에 주목했다. 그의 집은 예술품이 아 니라 그의 가족들이 살아온 결과물이었다. "그건 우리의 식탁이었 지, 바로 우리 거였다고!" 다른 가구들도 마찬가지였다. 잉크 얼룩 이 남은 필기대, 그의 부모님 사진, 니트 슬리퍼 속에 있던 시계 등 등. 모든 가구와 물건이 그에 얽힌 추억을 들려주며 가족의 역사를 이야기하고 있었다. 그래서 그의 집은 결코 완성되는 법이 없었으 며, "집은 우리와 함께 성장했고, 우리는 그 안에서 자랐다"라고 회 고한다. 그의 집은 특정 시기를 대변하는 전형적인 스타일이나 느 낌이 없었고, 시대성 또한 갖고 있지 않았다. 그 대신 그 집의 '스타 일'은 로스 가족의 것으로, 가족이 그렇듯이 세월과 함께 변화해왔 다. 빈에 있는 로스의 가구도 이를 잘 보여준다. 벽난로 주변의 공간 은 온갖 종류의 가구로 '채워져' 있는데 테이블, 의자, 상자, 소파 그 리고 그림, 책, 시계 등과 같은 소품들이 놓여서 실내를 편안하게 해 주고 있다. 이런 가구류는 로스에게 개인적이고 특별한 것들이며,

미하엘러 광장에 있는 로스 하우스(1901–1911)
아돌프 로스
빈, 오스트리아

만일 다른 거주자라면 이 공간을 다른 것들로 채웠을 것이다. 가구를 선택하는 사람이 꼭 건축가일 필요는 없을 테니까 말이다.

로스는 과거의 '멋진' 집들이 그랬던 것처럼, 거주자에게 취향을 강요하는 태도를 거부했다. 그는 이 같은 입장을 "가엽고 불쌍한 부자"라는 장에서 강하게 주장했다. 훌륭한 취향을 갖고 있느냐와 상관없이 실내 공간은 거주자 자신이 만드는 것이고, 거기 살고 있는 사람에 따라 독특한 것이 되어야 한다. 그런 집은 가족과 함께 나이가 들어 변화하고 그 과정에서 과거는 현재 속에 침전된다. 위에서 언급한 것처럼 이들이 서로 다르긴 하지만, 로스도 르 코르뷔지에와 마찬가지로 사적 영역과 공적 영역 사이의 긴장관계를 분명히 인식하고 있었다. 이는 두 건축가가 디자인한 실내 공간이 바로 자신들이 경의를 표한 빈과 파리의 도시 공간에 빚지고 있다는 사실을 말해준다.

흰색 건물에 대한 르 코르뷔지에의 생각은 프로젝트 초기 단계부터 예견된 것으로, 공사가 완료되었을 때 나타나는 완결성을 최종 목표로 삼는 입장이다. 따라서 건물이 완공된 이후의 존속기간, 즉 건물의 생애는 거주자가 입주하고 풍화가 시작되기 전의 완벽한 상태로부터 점점 멀어지는 과정으로 간주된다. 이런 의미에서 오염과 침식은 프로젝트가 추구하는 이상과는 대립되는 셈이다.

바벵 거리의 공동주택(1911)
앙리 소바주
파리, 프랑스

근대 건축운동을 표방한 건축가들이 사진에 열중했던 이유도 자연의 영향과 건물의 사용으로 인해 건물에 변화가 발생하기 전에, 프로젝트가 완성된 순간을 잡아두려는 열망이 강했기 때문이 아니었을까. 흑백사진은 빛과 어둠, 그림자의 강한 대조 속에 드러나는 건물의 순간적인 모습을 영원히 포착할 수 있는 이상적인 '덫trap'이었다. 르 코르뷔지에가 사진 효과를 고려하여 흔히 볼 수 있는 실내의 일상용품들을 의도적으로 배치하고 구성해서 시간 속에 동결된 장면, 즉 정물화의 느낌으로 연출한 것은 잘 알려져 있다. 이런 점은 비트겐슈타인 누이동생의 집을 찍은 사진에서 인상적으로 드러난 텅 빈 공간에 더욱 구체적으로 나타나 있다. 이와 유사한 사례로는 매우 귀한 자료로서 그동안 숱한 해석을 낳은 미스의 바르셀로나 파빌리온 사진들이 있다.[26]

그러나 흰색이나 '새로운 것'에 대한 이러한 개념 자체는, 근대적 사고방식이 갖는 특징을 보여주는데 이는 새로운 것을 매우 단순하게 '옛것', 즉 지속되어 온 것과의 대비 문제로만 보는 입장이다. 위에서 언급한 "노화aging"에 대한 낭만적인 인식도, 지금까지 살아남아 과거를 '표상한다'는 이유만으로 옛것을 긍정적으로 평가한다는 의미에서 옛것과 새것을 대비하는 사고방식과 연결된다. 알로이스 리글Alois Riegl은 기념건축물에 대한 연구에서 새것

빌라 슈타인 드 몽지(1926-1928)
르 코르뷔지에
가르슈, 프랑스

과 옛것의 대비개념을 발전시켰다. 이 연구는 그와 같은 세대의 건축가들이 이런 문제를 디자인에 어떻게 반영해야 하는지 고민하던 시기에 이루어졌다. [27] "세월의 가치age value"에 대한 그의 논의에 따르면, 건물은 연륜이 쌓일수록 가치가 높아지고 다양한 흠집이나 겹겹이 누적된 표면층이 해당 건물의 과거사와 그와 관련된 삶을 기록해서 사람들에게 기억된다는 것이다. 그러나 새롭게 등장한 근대건축의 순수성은 연상 작용에 의한 기억의 의미를 부인하고 있다. 이 같은 태도는 풍화현상에 영향을 받지 않도록 설계된 건물 표면으로 나타났다.

흰색, 순수성 그리고 새로움. 이런 특성을 지닌 건물에서 오염은 과연 어떤 의미가 있을까? 순수와 순백 그리고 새로움에 대한 열망에 사로잡힌 근대 건축가들을 떠올려볼 때, 이들이 과연 자신들의 건물에 생긴 얼룩이나 더러움을 오염물질과는 다른 것으로 볼 수 있었을까?

미국에 대한 르 코르뷔지에의 생각을 담은,『대성당이 흰색이었을 때When the Cathedrals Were White』라는 책 이름에도 흰색을 원하는 그의 열망이 잘 나타나 있다. 그에 따르면, 현대의 정신을 드러내는 대성당은 아직 지어지지 않은 반면, 죽은 자들에 바쳐진 옛 성당은 "그을음으로 검게 되고 닳아 없어졌다." [28] 이제 오염된 대성

R부인의 저택(1926-1927)
로베르-말레-스테뱅스
파리, 프랑스
사진: 프랑크 예버리(c. AA London)

당은 다시 흰색으로 되돌아가야 한다. 그렇게 되면 명쾌하고, 생기가 넘치던 "놀랍도록 깨끗한" 정신의 시대가 재현될 것이다. 그는 일찍이 퓨리즘에 관한 글에서, 눈에 거슬리는 흠집 없는 건물을 "빛 속에서 펼쳐지는 순수 입체들의 유희"를 위한 전제조건으로 보고 이를 찬미했다. 이러한 유희는 근원적인 건축적 질서인 명쾌한 사고와 시대정신을 드러내는 것으로, 이는 흰색 성당에 대한 서술에서 언급된 바 있다. 흰색 표면은 구원과 청결을 나타내는 반면, 먼지와 그을음, 더께 등은 더러움과 타락, 무질서를 나타낸다. 흰색 표면에는 사람을 흥분시키는 육체적이고 정신적인 힘이 있었다. 르 코르뷔지에에게 흰색이라는 색채는 건강, 미, 윤리에 속하는 문제였다. 바다의 깨끗한 공기를 가르며 항해하는 대륙 간 여객선의 흰색 갑판, 아직 사용되지 않아 청결하고 반짝거리는 기계부품들 그리고 비행기, 공구, 고속도로 등 결함 없는 기계장치들! 청결함, 고고함, 세련미라는 이념 아래 그의 책 속에 등장하는 주요 이미지들을 설명할 때 이들보다 더 좋은 사례를 찾을 수 있을까? 근대 건축가들에게는 표면에 쌓인 먼지로 인한 얼룩은 '결함'으로 여겨져 기술적인 면에서나 윤리적인 면에서 방치해둘 수 없는 것이었다.

이들이 흰색과 청결함에 얼마나 매혹되었는지는 병원, 요양소 등 시민의 건강과 위생을 책임지는 공공기관의 디자인에 나타난 인

「접시가 쌓여 있는 정물」(1920)
르 코르뷔지에
바젤, 스위스

상적인 외관을 보면 잘 알 수 있다. 토니 가르니에, 바그너, 호프만, 르 코르뷔지에, 알토 등의 작품들이 대표적인 사례다. 이들이 디자인한 주택 인테리어 또한 시사하는 바가 큰데, 그중 가장 잘 알려진 예가 르 코르뷔지에의 빌라 사부아 욕실이다.

그러나 이 실내 공간의 벽면을 구성하는 데 또 다른 감성적 요소들, 예컨대 색채 등의 요소들도 영향을 주지 않았을까? 흰색 건물을 선호하는 건축가의 디자인에서 색채는 어떤 역할을 할까? 르 코르뷔지에는 퓨리즘에 관한 글에서 색채를 "부차적인 요소"로 보고, 빛 속에 펼쳐지는 순수 입체들의 유희에 부수되는 것으로 언급했다. 색채는 흰색의 볼륨에 "풍부함을 더해주는 요소"로, 색채가 없으면 인간이 만든 구조물은 충분한 "인간적인 공감"을 얻지 못하게 된다는 것이다. [29] 이처럼 색채는 흰색 표면에 부가되는 것으로 간주되었는데, 퓨리즘의 관점에서 색채는 비록 본질적이거나 절대적인 것은 아니지만 표면층에 깊이감을 부여하는 효과를 위해서는 필요한 것이었다. 이런 시각이 가장 잘 드러난 예는 아마 페삭 집합주거 계획Pessac housing project에서 제시한 세련된 색채 디자인일 것이다. 이는 르 코르뷔지에의 『작품전집』에서 "채색과 비채색의 대비"라는 두 가지 유형으로 다루어졌다.

한편, 페르낭 레제Fernand Léger는 건축에서 표면색의 필요성

여객선 〈아키타니아〉
르 코르뷔지에의 『건축을 향하여』에서 인용

사이랄라 결핵치료 요양원(1928-1933)
알바 알토
파이미오, 필란드

빌라 사부아(1928–1931), 욕실
르 코르뷔지에
푸아시 쉬르 센, 프랑스

에 대해서 르 코르뷔지에보다 진보적인 생각을 갖고 있었다. 그는 이렇게 썼다. "모더니즘 건축가는… 비움을 통해 정화하려는 숭고한 시도를 추진하는 과정에서 너무 멀리 나갔다." 게다가 "유용성에 대한 압박이 미적 가치의 등장을 막지는 못한다." [30] 1923년에 이미 레제는 건축에 여러 가지 색채를 사용할 것을 주장했는데, 그는 색채를 건물의 볼륨에 종속된 것이 아니라 이를 보완하는 데 꼭 필요한 것으로 보았고, 1년 후에 그가 보여준 대로 "현대생활의 부조화"에 맞서기 위한 것이었다. 1920년대 초부터 다른 예술가와 건축가들도 이런 생각을 하고 있었다. 미스 반 데어 로에의 작품에서 보이는 재료의 질감에 대한 연구 그리고 아돌프 로스가 디자인한 실내 공간에서 보이는 유사한 문제의식이 이를 예증한다. [31] 이런 사례에선 흰색의 매끄러운 건축이 모두 색채나 재료의 풍부함으로 보완되어 있다. 하지만 건축에 다양한 색이 적용되진 않았고, 재료는 물감이나 얄팍한 장식요소가 아니라 대지의 색과 질감을 드러내는 가능성을 지닌 존재로 다루어졌다.

미적 감수성의 이러한 변화는 1920년대 후반 르 코르뷔지에의 작품에서도 뚜렷이 나타나는데, 이때는 그가 "유기적 미학"이라 칭한 것에 몰두하면서 자연스레 기후와 지역성의 관련성에도 관심을 기울일 무렵이다. [32] 그는 이국 땅, 특히 식민 지역을 여행하면서 풍

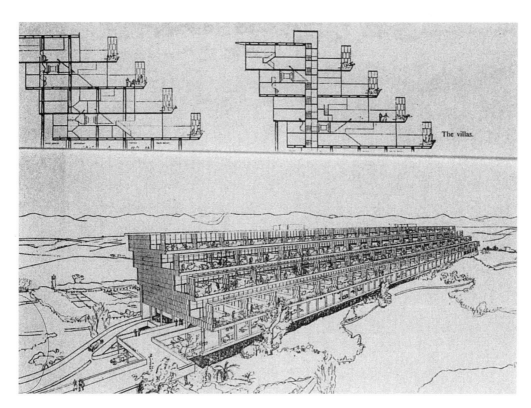

The villas.

듀랑 지구 계획안(1933-1934)
르 코르뷔지에
알제, 알제리아

토의 차이와 지역의 고유성을 건축 디자인으로 표현하는 일이 중요하다는 점을 깨달았다. 색채는 그를 흰색에 대한 관심에서 재료의 문제로 이끌었고, 재료는 그를 질감에 대한 관심에서 대지와 풍토에 대한 관심으로 이끌었다. 1933년에서 1934년 사이 알제리에 머무르는 동안 진행했으나 무산된 프로젝트인 뒤랑 지역Domaine Durand 계획안에서 르 코르뷔지에는 차양의 일종인 '브리즈 솔레이유brise-soleil'의 개념을 발전시켰는데, 이는 그가 풍토적 조건이 갖는 역할에 주목하기 시작했음을 보여준다. 이 계획안에서 볼 수 있는 계단형 단면과 확장된 지붕면은, 아래쪽 주거에 그늘을 드리우고 지붕으로 덮인 쪽에서부터 전체 주거동을 통과해 뒤쪽 테라스까지 공기 순환이 가능하도록 했다. 이 영역은 나무를 심을 수 있을 정도로 폭이 넓고 브리지 형태의 분리된 차양이 있어 그늘이 진다. 르 코르뷔지에에게는 입면에 '브리즈 솔레이유'를 덧붙이는 것이 북아프리카라는 새로운 지역 건축의 핵심 요소를 만드는 일이었다.

　'브리즈 솔레이유'를 적용한 것은 그동안 벽에 뚫린 개구부로 인식되던 전통 요소인 창문을 새롭게 해석한 것으로써 정곡을 찌르는 사례다. 이런 재해석은 새로이 고안한 '매끄러운 외관'과 그로 인해 구세군 건물에서 발생한 여름철의 온실효과를 겪으며 느

겪던 문제 의식에서 촉발된 듯하다. 르 코르뷔지에는 '차양 장치'를 건물 외관과 통합한 제분업협회 공동주택Millowners' Association Building등 몇몇 유사한 프로젝트에 적용하면서, 새로운 파사드 형식을 발견하게 되었다. 그것은 내외부의 성격을 모두 갖는 중간 영역으로서 거실로 사용할 수 있을 정도 깊이의 파사드 형식이다. 이 파사드에 드리워지는 신비로운 그림자는 특히 인도에 지어진 건물에서 그 효과가 뚜렷이 나타났는데, 이들 건물에서는 내부와 외부 사이의 공간적 상호작용이 매우 중요한 의미를 갖고 있어 건축에 대한 생각을 바꿔야 할 정도다. 여기서 건물의 외벽은 더 이상 건축공간의 최종 경계가 아니며 건축은 대지와 서로 맞물려 일체화된다. 차양을 발명한 계기가 되었던 상자형 건물의 단단하고 닫힌 유리외벽은 결국 차양으로 인해 사라지게 되었다.

요컨대, 파사드에 대한 재해석은 이렇게 전개되었다. 첫째, 두꺼운 벽과 깊게 파인 창문의 문제점을 살펴보고 이를 재검토한다. 둘째, 실내 공기조절 시스템을 갖춘 매끄러운 파사드와 넓은 창을 제안한다. 셋째, 더운 날씨로 인해 발생하는 문제를 파악한다. 넷째, 이에 대한 해결책으로 브리즈 솔레이유를 발명한다. 다섯째, 이 차양으로 인해 새로운 공간, 즉 내부와 외부 사이에 존재하는 공간이 발견된다. 그러므로 이런 종류의 재해석은, 하나의 건축요소가 갖

제분업협회 건물(1954)
르 코르뷔지에
아메다바드, 인도

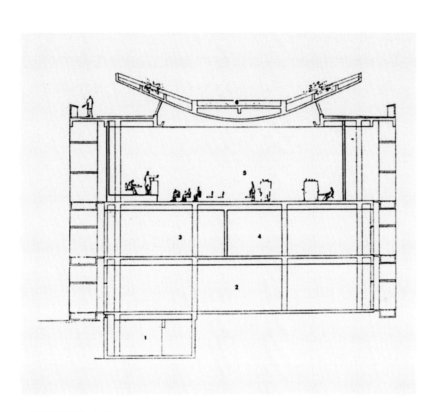

제분업협회 건물(1954)
르 코르뷔지에
아메다바드, 인도

는 잠재력을 효과적으로 끌어내어 현실을 보다 풍요롭게 만들어주는 창조 행위라 할 수 있으며, 새로운 재료로 전통적인 요소의 외형만을 충실히 모방하는 디자인과는 그 차원이 다르다. 한편 제분업협회 공동주택에 도입된 지붕은 마치 뒤집어 놓은 듯한데, 꽃을 심은 정원으로 그늘이 드리워져서 사람이 머물 수 있고 또 아래쪽 중앙홀로 빛을 끌어들인다. 이 지붕은 단열기능이나 효과보다 도상학적 측면(천국의 정원, 황소의 뿔, 강의 단면과 유사한 형태) 때문에 더 흥미로워 보인다. 그럼에도 이들 프로젝트에서 중요한 것은 건축가가 지역의 기후 조건에 대해 면밀히 살핀 결과, 건축과 환경의 관계를 구체적으로 파악해서 재창조하는 계기가 되었다는 점이다.

우리가 주목해야 할 또 다른 점이 있는데 그것은, 주어진 조건에 뭔가를 추가하거나 제거하려는 태도와 그 조건을 그대로 재현하려는 태도의 차이다. 카를로 스카르파Carlo Scarpa의 작업은, 적어도 그 디테일에서 전통적인 요소를 창조적으로 변형시킨 예를 보여준다. 베로나 시민은행Banca Popolare di Verona과 브리온 묘지 Brion cemetery는 그가 전통적인 요소를 재해석한 사례. 베로나 시민은행의 원형 창문 아래쪽에는 빗물이 흘러내릴 만한 곳에 수직으로 홈이 새겨져 있다. 이 홈은 빗물이 건물 표면에 미치는 영향을 막으면서 빗물의 낙수 경로를 유도하는 디자인이다. 이 가상의 물줄기는 빗물에 의한 영향을 효과적으로 제어하는 장치로서, 이 장치가 급격히 진행되는 벽면 오염 가능성을 제거하거나 지연시킨다는 사실이 육안으로 '보이게' 디자인되었다. 물론 스카르파는 빗물이 어떤 흔적을 남길 것인지 잘 알고 있었다. 베네치아의 건물 외벽에서 흔히 볼 수 있는 현상이기 때문이다. 브리온 묘지에 있는 채플의 높고 밋밋한 외벽에서는 풍화작용의 효과를 극적으로 보여주고 있다. 그는 외벽 상단에 계단형으로 돌출된 파라펫의 수평적 흐름을 중간에서 끊어 틈새를 만들고, 그 사이로 스며든 빗물로 벽면 중앙에 검은 흔적이 생기도록 유도했다. 풍화가 진행되면서 이 흔적은 모든 것의 시작과 끝을 의미하는 자연의 시간성을 보여준다.

단순한 코니스와 빈 벽으로 된 파사드인데, 여기에 남겨진 흔적은 얼룩인가? 이 흔적은 닦아내야 하는 것일까? 우리는 여기서 스카르파가 시간의 흐름에 따른 건물의 생애를 표현하려고 빈(흰색의) 벽을 디자인했다고 봐도 되지 않을까? 풍화라는 현상을 창조적으로 해석하여 한 건물의 삶을 보여주고 싶었던 것이라고 말이다.

그렇다면 스카르파를 비롯한 건축가들은 왜 의도적으로 얼룩을 드러내는 수단을 준비해 둘까? 얼룩을 추한 것으로 본다면 그것은 말끔히 제거되어야 할 대상이다. 그러니 의문이 이어진다. 먼지, 오물, 때, 더러움 이런 것들을 그냥 제거해버리면 안 되는가? 이들

베로나 시민은행(1974-1981)
카를로 스카르파
베로나, 이탈리아

베로나 시민은행(1974–1981), 창문
카를로 스카르파
베로나, 이탈리아

기적의 성모 성당(1481–1489)
피에트로 롬바르도
베네치아, 이탈리아

브리온-베가 묘지(1970-1981)
카를로 스카르파
산 비토 디 알티볼레, 이탈리아

이 다른 것도 오염시키지 않을까? 왜 오염 가능성을 만드는가? 이 같은 질문을 이어가다 보면 한 가지 명확한 사실이 부각된다. 그것은 얼룩이나 더러움을 건축가의 의도가 실현된 순수한 결과물을 변형시키는 요인으로 간주하는 한, 이들을 제거하는 것은 불가피한 일이 된다는 점이다. 그러나 오염이 그렇게 불순한 것일까? 건물은 물질로 만들어진 것이며 흙도 그 일부가 아닌가.

우리는 건물을 오염시키는 물질을 그렇지 않은 물질과 구별할 수 있을까? 물론 이것은 그 의도와 상황에 따라 다르게 볼 수 있는 문제다. 브리온 묘지에는 신축건물 벽면의 순수성을 오염시키는 얼룩을 유도하기 위한 수단으로써, 일상적으로 건물을 더럽히는 빗물이 쓰였다. 이 의도된 흔적은 그것을 유달리 강조하거나 특별히 디자인했다는 점에서 다른 퇴적물이나 오염 등의 사례와 구별할 수 있을 것이다.

의도적으로 풍화를 유도한 사례로는 현대건축에서 흔히 활용되는 내후성 강재를 들 수 있다. 내후성 강재인 코르텐Cor-Ten 강판은 비바람에 노출되면 녹이 슬어 표면이 붉은 흙색으로 변하는데, 인위적으론 균일한 발색이 불가능하다. 녹이 스는 속도는 계절과 장소, 대기 상태, 지리적 조건 등에 따라 달라지는데 수개월이 지나면 표면은 점점 더 어두운색으로 변한다. 산화된 표면은 추가 부식의 진행을 막아 강재의 강도를 유지하게 해준다. 표면의 일부가 긁히는 경우에도 시간이 지나면 원래의 표면 상태로 복구된다. 코르텐 강판을 세척하면 오히려 부식이 촉진된다.

강도와 순도가 높은 강철인 코르텐 강판은 1964년 에로 사리넨Eero Saarinen이 설계한 존 디어 본사the John Deere HQ 건물에서 처음 사용되었고, 이후에는 케빈 로시와 딘켈루Kevin Roche & Dinkeloo가 설계한 포드 재단과 콜럼버스 기사 수도회 건물에 사용되었다. 존 디어 본사 건물의 기둥, 보, 중도리, 차양루버, 벽면 등은 모두 이 내후성 강재로 만들어졌다. 사리넨은 이 재료가 유지보수가 필요 없다는 사실을 발견했다. 코르텐 강판은 어둡고 깊은 느낌을 주는 외관 때문에 선호되기도 했다. [33]

그런데 이 내후성 강판은 표면층이 부식되면서 주변을 오염시킬 수 있다. 따라서 흰 대리석, 블록 또는 노출 콘크리트와 맞닿게 사용할 수는 없고, 불가피한 경우엔 에나멜이나 세라믹 도료로 강재의 표면을 코팅하는 것이 좋다. 사리넨이 가급적 건물 전체를 코르텐 강판으로 마감하려 한 것도 서로 다른 재료를 조합해 사용할 경우, 인접 재료에 얼룩이 생길 가능성을 피하고 싶었기 때문일 것이다. 이런 선택은 주위 환경과 조화를 이루도록 디자인된 건물에 균일한 소재감을 갖게 하는 효과가 있었다. 건축은 한 장소에 놓인

존 디어 & 컴퍼니 본사(1963)
에로 사리넨
멀린, 일리노이

콜리세움
케빈 로시, 존 딘켈루
뉴 헤븐, 코네티컷

물체가 아니라 그곳에서 '자라난' 것이어야 했다. 이 같은 생각은 "유기적 건축"이라는 테마의 재현으로써, 프랭크 로이드 라이트를 포함하여 사리넨과 탈리에신 그룹의 건축가들에게 건물을 대지에 연결하는 일이란, 그 대지와 뚜렷이 구분되는 건물을 짓던 전통적인 사고방식에서 자유로워지는 것을 의미했다. 그 결과 땅 '위에' 놓인 건축이 아니라 그 땅과 '더불어' 존재하는 건축, 획일적인 기준으로는 평가할 수 없으며 장소의 특성을 뚜렷하게 갖는 건축이 태어나는 것이다.[34] 라이트는 또한 건물의 구성과 자연 요소 사이의 관련성에 주목했는데, 유기적인 건축에서는 각 부분이 풀이나 나무, 그 밖의 다른 자연물처럼 서로 연관되지 않으면 안 되었다. 따라서 건축은 홀로 서 있는 게 아니라 자연물이든 인공물이든 주변 환경과의 관계 속에서 인식되는 존재여야 했다. 이 같은 생각은 총체적인 환경을 창조하려 했던 사리넨의 신념이기도 했는데, 그는 건축을 장소에 종속되는 존재가 아니라 장소를 풍요롭게 하는 존재라고 생각했다.

　이러한 관점에 근거한 유기적 건축은 르 코르뷔지에가 초기에 열중했던 측면, 즉 흰색에 대한 집착 그리고 흰색 벽면을 배경으로 사물의 형태를 부각시키려 했던 열망과는 상반되는 것처럼 보인다. 유기적 건축이 재료의 존재감을 표현하려 했다면 르 코르뷔지에는 이를 비물질화해서 건축을 균일하게 만들려고 했기 때문이다. 그런데 부실하게 지어진 흰색 건물은 그 기능은 물론 미감도 떨어지는 경우가 많다. 흰색 건물을 유지하고 관리하는 데는 특히 어려운 문제가 발생한다. 그렇다면 비물질화라는 바람직한 이상을 감안할 때, 이런 류의 건물들이 언제나 그 모습 그대로 계속 보존되는 것이 옳은 일일까? 건축의 수명을 영원히 지속되는 것으로 보고, 운명이라는 짐을 무한정 짊어져야 하는 건축을 상상하는 것은 잘못된 일이 아닐까? 공사가 완료되면 세월이 흐른 뒤 건물의 마지막 모습도 그려지는 게 당연한 것이 아닌가? 한정된 수명을 갖고 태어나는 건물도 있지만 어떤 건물은 영구적인 것으로 계획되어 일련의 연속적인 개입을 통해 시간의 '흐름 속에서' 그 모습이 완성되도록 지어진다.

사람들은 키스하는 입으로 침도 뱉지만, 키스할 때와 침을 뱉을 때의 침을 혼동하는 사람은 없을 것이다. 이와 마찬가지로 얼룩이 반드시 불결한 것은 아니다. 여기서 명확히 해야 할 것은 어떤 조건하에서 표면층의 얼룩이 결함으로 간주되는가 하는 점이다. 전통적인 문화에서는 순수함과 불순함의 구별이 절대적이지 않았고, 신성한 것과 세속적인 것 사이의 구별도 마찬가지였다. 이들의 관계는 애매했고, 서로가 서로의 일부를 공유하고 있었기 때문에

탈리에신 웨스트(1938)
프랭크 로이드 라이트
파라다이스 밸리, 아리조나

더러움은 불순하면서도 순수한 '양면성'을 띠고 있었다. 18세기 이후 이 같은 양상이 점차 분리되는 현상을 보이는데, 예컨대 로지에 Laugier는 묘지를 도시에서 분리하자고 주장했다. 위생적인 도시에 비해 죽은 사람들의 장소는 불결하다는 것이다. 르 코르뷔지에는 이러한 계몽주의의 전통에 속해 있었다. 특히 그는 300만 명의 주민을 위한 도시 제안에서도 묘지와 도시의 분리를 강조했다. 이런 전통 안에서는 흰색 건물에 난 얼룩은 항상 오염된 것으로, 불순함은 결함으로 간주될 수밖에 없었다.

이와는 대조적으로 거친 콘크리트로 지어진 르 코르뷔지에의 건축은 또 다른 전통을 대변하는데, 그것은 얼룩이 생기는 현상을 불가피한 것으로 보고 건물을 디자인할 때 흰색을 피하려는 입장이다. 르 코르뷔지에는 외딴 지역의 빈약한 시공 능력과 기후 조건을 감안하여, 시공의 결함도 감추고 또 풍화작용이 소재의 존재감까지 살려낼 수 있는 재료를 찾게 되었다. 결함으로 보이던 문제점이 새로운 해결책을 찾아내는 데 예상 밖의 기여를 한 것이다. 이런 방식으로 지어진 건물에서는 오염물이 쌓여 무질서한 상황이 벌어질 수도 있지만 그는 이런 가능성도 건축적 질서의 일부로 받아들였다. 여기서 오염현상은 단편화된 건축부재처럼 의도된 것은 아니지만 건물에 추가되고 통합됨으로써 건물의 완성도를 높이는 요소가 된다. 나중에는 시공기술이 더 발전한 지역에서도 풍화의 흔적을 건물의 마감으로 인식하는 시공방식이 활용되었다. 이런 마감이 완성되려면 시간이 꽤 걸리긴 했지만 말이다. 한편 이 같은 아이디어를 다른 곳에 도입하게 되면서 또 다른 문제점이 나타났다. 예컨대, 아메다바드의 기후에 맞게 설계된 제분업협회 공동주택의 건축요소와 설계 개념을, 미국의 매사추세츠주 케임브리지에 위치한 카펜터 시각예술센터의 외관에 그대로 적용한 경우가 그러했다. 르 코르뷔지에는 카펜터센터의 콘크리트 공사가 지나칠 정도로 정교하게 마감되었다는 코멘트를 남겼다고 한다.

풍화는 시간의 흐름을 건물에 남긴다. 이때의 시간은 입주 전 건물을 순간적으로 포착해낸 사진 속의 시간이 아니다. 건축에서 말하는 시간의 흐름은 착상 단계부터 건설과정을 거쳐 거주자가 살아가는 전 과정을 포함하는 것이다. 건축 프로젝트 또한 이런 과정을 '거치는 동안' 지속된다. 그러므로 프로젝트를 구상할 때 풍화의 시간을 고려해서 디자인하면, 그 디자인은 시간으로 인한 변화 가능성을 감안한 좀 더 실질적인 안이 될 것이다. 이처럼 현실의 조건, 오염과 결함의 발생 가능성을 파악하는 일은, 프로젝트가 추구하는 이상적 측면을 보완하여 시간의 흐름에서 자유로운 건축, 나아가서 시간을 머금은 건축을 가능하게 해준다. 이렇게 생각하면,

풍화란 사실상 건물의 미래를 현재와의 대화로 이끄는 존재라고 할 수 있는데, 현재와 미래는 모두 과거와 얽혀 있기 때문이다.

건물이 갖는 이러한 시간적 구조는 한 사람이 살면서 체험하는 시간과 비교될 수 있다. 유아기, 아동기, 청년기 등 현재에 이르기까지 생애의 각 단계는 개개인에게 여실히 존재한다. 시간은 계속 쌓여가지만 변함없이 그립고 또 그 의미가 재발견되어 활용될 수 있는 대상이다. 한 개인만의 고유한 과거가 존재하지 않는다고 단언할 수는 없지만, 개개인의 과거는 자기가 속한 세계의 문화적 전통과 자연의 시간에서 벗어날 수도 없다. 시간은 지속되며 다가올 순간마다 기억을 환기한다. 현재가 그 자체로 구별되는 것은, 과거를 현재가 출현한 맥락으로 가정하기 때문이다. 이론적으론 시간을 과거, 현재, 미래로 나누어 생각할 수 있지만 모든 행위는 시간의 흐름이라는 일관성 안에서 일어난다. 그러나 과거나 미래에 대한 인간의 감각은 현재의 이해를 넘어, 그가 아직 세상에 나오기 전이나 또 더 이상 존재하지 않게 될 시점까지의 시간대를 포함한다. 과거에 발생한 사건, 특히 그에 대해 우리가 느끼는 감정이나 생각, 취향 등은 마치 소크라테스가 그의 대화편『테아이테투스Theaetetus』에서 비유했듯이, "두껍고 질 좋은 밀랍판"에 찍힌 인장처럼 우리의 기억에 '흔적'을 남긴다. 과거가 남기는 건 사건의 흔적이나 인상이

빌라 쇼단(1951-1956)
르 코르뷔지에
아메다바드, 인도

카펜터 시각예술센터(1961-1964)
르 코르뷔지에
케임브리지, 매사추세츠

카스텔베키오 뮤지엄(1957-1964)
카를로 스카르파
베로나, 이탈리아

바르톨로메우스 룰로프스트라트 집합주거(1922-1924)
J.F.스탈
암스테르담, 네덜란드

지 그 당시의 사건 자체가 아니다. 마찬가지로 건축에서 인상적인 기억으로 남는 건 현재가 아니라 과거의 것이다. 이런 의미에서 과거는 한정된 특정 시간이나 지나버린 시간이 아니라 오히려 "현재가 생성되는" 시간으로 볼 수 있다.[35]

　풍화라는 현상은 모든 구조물에 내재하는 속성이다. 이 현상을 막을 수 있는 건축가는 없다. 과거에도 그랬고 현재도 그렇다. 풍화는 우리에게 건물의 표면층은 끊임없이 변한다는 사실을 상기시킨다. 이런 현상은 분명 성가신 문제이긴 하지만 다른 한편으론 긍정적인 측면도 갖고 있다. 무엇보다 시간에 따른 변화는 불가피하다는 사실을 인식하게 한다는 점에서 그렇다. 또 피할 수 없는 운명인데도 이를 극복하려는 열망, 즉 시간에 저항하려 한 대다수의 근대 건축가들을 지배했던 이 열망을 극복할 수 있게 해준다는 점에서 긍정적이다. 건물의 이미지나 외관에 집착하는 요즘 건축계의 흐름 속에서도 이 같은 열망의 징후는 존재한다. 건물의 이미지는 그 양식, 특징 그리고 고유성을 전하는 수단이며 흔히 인쇄된 문자처럼 불변의 것으로 인식된다. 이는 아이러니하게도 빅토르 위고가 옳았음을 인정하는 셈이다. 텍스트의 이미지가 역사적인 건축물과 유사한지 아닌지와는 별개로, 건축은 책과 같은 존재가 되었다. 건축의 이미지가 텍스트와 동일한 지위를 획득했기 때문이다. 이 사

R부인의 저택(1926-1927)
로베르 말레-스테뱅스
파리, 프랑스

모드로네 거리 26번지
밀라노, 이탈리아

예일 대학 영국예술센터(1969-1974)
루이스 I. 칸
뉴 헤븐, 코네티컷

실이 아이러니한 것은 건축이 늘 그렇듯이 책 자체도 다양한 해석을 가능하게 하는 '작품'이란 사실이다.

　　스케치와 드로잉, 모형 등을 통해 가정해보는 프로젝트의 구상안은, 그 건물의 과거에 속하는 것으로 건물이 세워진 후에는 풍화의 흔적으로 오염될 것이다. 이 같은 풍화의 영향은 창조적인 해결책을 찾아내 늦출 수 있다. 건물 표면에 흐르는 빗물의 흐름을 제어하거나 방지하는 건축요소를 사용하는 방법도 있고 또 변화하는 재료의 특성을 파악해서 이를 효과적으로 활용할 수 있는 여건을 만드는 방법도 있다. 무엇보다도 풍화로 인한 재마감을 건축의 새로운 출발로 받아들여야 한다는 것, 이것이 요점이다.

원주

권두표제 – 옥타비오 파스Octavio Paz, 『그림자 초A Draft of Shadows』
(뉴욕, 1979), P.171

1. 빅토르 위고, 『파리의 노트르담』, 5권, 2장. "이것이 저것을 죽이
   리라." 이 장에서 위고는 인쇄물이 문화적 기억의 매개체로서
   건축보다 더 우월하다는 주장을 펴는데, 이는 그가 당시 미완
   성 상태에서 갈수록 열악해지는 노트르담 성당을 의식하고 한
   말이다. 이 주제는 아서 드렉슬러Arthur Drexler가 편집한 『에
   꼴드 보자르의 건축The Architecture of Ecole des Beaux Arts』
   (뉴욕, 1977)에 게재된 닐 레빈Neil Levine의 논문, "건축의 가
   독성에 대한 낭만적 관념: 앙리 라브루스트와 네오 그리스 양식
   The Romantic Idea of Architectural Legibility: Henri Labrouste

and the Neo-Grec"의 pp.324-416에 상술되었다. 위고는 건축가 앙리 라브루스트에게 위에서 언급한 장의 내용을 검토해달라고 했던 것이 분명하다. 앙리 라브루스트가 위고의 의견에 동의했다는 것은 그의 생트 주느비에브 도서관의 정면 디자인과 파에스툼의 복원 도면을 보면 명백하다.

　　이 같은 위고의 문제 제기는 이미 고대에도 있었다. 플라톤은 위고가 주장한 만큼 글이 문화적 기억을 저장하는 최선의 도구라고 여기지는 않으나 『파이드로스』 275d-e에서 이렇게 썼다. "파이드로스, 글에는 그림처럼 불가사의한 힘이 있다네. 그림으로 그려놓은 것들은 마치 살아 있는 존재처럼 보이지. 하지만 자네가 어떠한 질문을 해도 그들은 무겁게 침묵만 지킨다네. 글도 마찬가지야. 자네는 글이 지성을 갖추고 있는 것처럼 생각할지 모르나, 자네가 그 내용이 알고 싶어 물어보면, 글은 매번 하나의 메시지를 반복해서 들려줄 뿐이지."

2.　　르 코르뷔지에, 『건축을 향하여』(뉴욕, 1972), P.13, 이 책 전반에 걸쳐서 르 코르뷔지에는 보다 나은 건설방법과 생활방식의 원천으로 엔지니어를 전면에 내세우며, 이들이 더 나은 삶을 향한 진전을 가져올 것이라고 본다. 이 같은 주장과 관련하여 근대건축에서 엔지니어의 상징적 역할에 대한 폭넓은 논의는 레이너

밴험Reyner Banham의『제1 기계 시대의 이론과 디자인Theory and Design in the First Machine Age』(런던, 1969), PP.220-249를 참조할 것. 밴험은『거주를 위한 기계machine à habiter』에 대해 논하며 "사물-유형"의 이론을 발전시켜, 르 코르뷔지에의 "기계적" 디자인의 의미를 "고전적" 건축과 동일하게 다루었다. 이 주제에 대해서는 최근 만프레도 타푸리 & 프란체스코 달 코Manfredo Tafuri & Francesco Dal Co가『근대건축Modern Architecture』(뉴욕, 1976), PP.138에서 검토했다.

르 코르뷔지에는 기계라는 주제에 몰두하고 있었다. 그가 쓴『오늘날의 장식예술』(케임브리지, 매사추세츠, 1987), PP.69-84, 105-116를 참조할 것. 특히 '기계'의 개념에 대해서는 "기계의 교훈"을, 아름다운 도구와 관련된 주제는 "욕구-유형 & 가구-유형"을 참조. 르 코르뷔지에는 '기계의 상징성'을 시대성과 심리 상태 모두에 해당하는 것으로 확대 해석했다. 그가 쓴『프레시지옹』(케임브리지, 매사추세츠, 1991), PP.23-34에는 "모든 아카데미즘에서 완전히 해방되기 위해서"라는 장이 나오는데, 여기서 그는 기계 시대의 사고를 "아카데미"의 건축 실무와 대조적으로 다루고 있다.

르 코르뷔지에의 이 같은 생각이 자신의 작품에 어떤 영향을 미쳤는지에 대해서는 윌리엄 커티스William Curtis의 『르 코르뷔지에: 아이디어와 형태Le Corbusier: Ideas and Forms』(뉴욕, 1986)를 참조할 것.

건축적 사고와 기계화된 생산 시스템이 구체적으로 어떻게 융합될 수 있는지에 대해서는 길버트 허버트Gilbert Herbert 의 『공장 생산 주택의 꿈: 월터 그로피우스 & 콘라드 왁스만The Dream of the Factory-Made House: Walter Groupius and Konrad Wachsmann』(케임브리지, 매사추세츠, 1984)을 참조할 것.

3.   밴험, 『제1 기계 시대의 이론과 디자인』과 아울러 르 코르뷔지
—   에의 『프레시지옹』을 참조할 것. "기술은 바로 시의 기초가 된
    다. 기술은 건축의 새로운 시대를 연다." PP.35-66

4.   지그프리드 기디온Sigfried Giedion, 『기계화가 지배한다
—   Mechanization Takes Command』(뉴욕, 1948) 특히 5장과 6장
    을 참조할 것. 이 고전적인 텍스트는 기계화 과정과 현실 사이
    의 충돌을 다룬다. 이 연구는 중세 말기부터 건축과 관련된 폭
    넓은 주제를 검토하는데, 우리의 논의와 가장 관련성이 높은 부
    분은 주택에 도입되는 가구 설비와 기계화에 대한 것이다. 이
    주제와 관련된, 보다 짧고 더 철학적인 텍스트로는 루이스 멈퍼
    드의 『기술과 문명』(뉴욕,1963)을 참조할 것. 특히 7장, PP.321-

363의 "기계의 모방"에서 멈포드는 기계를 "생활양식"에 근본적인 변화를 초래한 정복의 도구라고 강조했다.

5. ── 앤드루 세인트Andrew Saint의 『건축가의 이미지The Image of the Architect』(뉴헤븐,1983)를 참조할 것. 여기서 앤드루는 19세기의 건축실무를 논하며 이러한 변화에 대해 상술하고 있다. 좀 더 포괄적인 논의는 스피로 코스토프Spiro Kostof가 쓴 『건축가The Architect』(옥스퍼드, 1977)에 나온다. 이 문제와 관련된 현대의 상황에 대해서는 로버트 굿맨Robert Gutman의 『건축실무Architectural Practice』(프린스턴, 1988)와 다나 커프Dana Cuff의 『건축: 실무의 역사Architecture: The Story of Practice』(케임브리지, 매사추세츠, 1991)를 참조할 것. 현대건축의 실무에 대하여 여러 유용한 논의가 도널드 숀Donald Schon의 『사려깊은 실무자The Reflective Practitioner』(뉴욕, 1982)에서 다루어졌다. 이 책의 3장 "주어진 상황과 깊이 있는 대화를 나누는 디자인"은 핵심적인 내용을 다루고 있지만 시공자와 건축가 사이에 건축생산을 두고 벌어지는 지적 긴장 상태에 대해서는 별로 언급하지 않았다.

6. ── 윌리엄 미첼William Mitchell의 『컴퓨터 기반 건축 디자인Computer-Aided Architectural Design』(뉴욕, 1977), 특

히 pp.27-65를 참조할 것.『디자인의 디지털화 가능성The Computerbility of Design』(뉴욕 주립대 버펄로 캠퍼스, 1986) 도 유용한 내용을 담고 있다. 컴퓨터를 활용한 디자인에 관한 이 심포지엄에선 "디자인 모델", "디자인 지식", "컴퓨터 전산 디자인 방법" 그리고 "컴퓨터를 활용한 설계" 등이 다루어졌다.

7.
─ 알바로 시자 이 비아이라Alvaro Siza y Vieira,『알바로 시자: 형태와 구성Alvaro Siza: Figures and Configurations』(뉴욕, 1988), 빌프리드 방Wilfried Wang 편집, p.5 참조. 시자가 제기한 주제는 후에 케네스 프램튼에 의해 보다 포괄적인 이론적 틀이 되었다. 할 포스터Hal Foster가 편집한『반미학: 포스트 모던 문화에 대한 에세이Anti-Aesthetic: Essays on Postmodern Culture(포트 타운센드, 워싱턴, 1983)』, pp.16-30에 게재된 "비판적 지역주의를 향하여: 저항의 건축을 위한 6가지 요소"를 참조할 것. 프램튼은 특히 시자를 위한 글『시적인 직업Professione poetica』(밀라노, 1986)에서 시자의 작업을 상세히 다루었다.

장소가 지니는 고유성의 의미를 철학적으로 다룬 책은 렐프E.C. Relph가 쓴『장소와 무장소성Place and Placelessness』(런던, 1978)이다. 불행히도 이 책은 근대건축에 대한 좁은 시각 때문에 논의가 불충분한 면이 있다. 이점에서는 크리스티안

노베르 슐츠의 저서들도 마찬가지지만 논의의 범위는 좀 더 넓다. 『서양건축의 의미』(뉴욕, 1980) PP.186-226에서 슐츠는 "기능주의자"들이 건축의 여러 문제를 "유형"에 한정하는 것에 맞서 (포스트모던 건축에서는) 지역주의자 혹은 지역에서 활동하는 건축가들의 반작용에 따른 "다원주의자"가 등장함으로써 결과적으로 지역의 특징을 나타내는 디자인이 가능하게 되었다고 설명한다. 우리는 이 "반작용"이 오랫동안 현대건축의 일부였다는 것을 보여줄 것이다.

8. 시자, 『알바로 시자: 형태와 구성』
—
9. 레이너 밴험이 쓴 『적절히 조절된 환경의 건축The Architecture
— of the Well-Tempered Environment』(시카고, 1969), P.159에 인용된 르 코르뷔지에의 저서 『프레시지옹』(파리, 1930), P.64 이후를 참조할 것.

10. 같은 책; 르코르뷔제의 『대성당이 백색이었을 때』(뉴욕, 1947),
— P.20도 참조할 것.

11. 르 코르뷔지에 & 피에르 잔느레 『작품집1929-1934(취리히,
— 1947), p.97 이후를 참조할 것. 브라이언 브레이스 테일러Brian Brace Tylor의 『르 코르뷔지에: 파리의 노숙자 쉼터1929-33Le Corbusier: The City of Refuge, Paris 1929-33』(시카고, 1987),

2-4장, 특히 pp.111-117을 참조할 것. 르 코르뷔지에의 아이디어는 『방사형 도시: 우리의 기계시대 문명의 기초로 활용될 도시계획의 원칙들The Radiant City: Elements of a Doctrine of Urbanism to be Used as the Basis of Our Machine-Age Civilization』(뉴욕, 1967)에서 가장 강력하게 제시되었다. 이 책에는 특히 과학적 정보와 우주론적 상징주의의 조합이 잘 나타나 있다. '깨끗한 공기'는 그가 다룬 주제 중 가장 다의적인 것인데, 이는 인간의 "생물학적 욕구"이자 세계의 생명력을 나타내는 "아니마anima"라는 것이다.

12. 화이트R.B. White, 『변화하는 건물의 외관The Changing Appearance of Buildings』(런던, 1967). 이 책은 영국, 특히 1930년에서 1960년대 사이에 런던에서 지어진 건물이 기후의 영향으로 "황폐해진 모습"을 보여준다. 건물이 오염되어 "추하게 변한" 여러 사례를 소개하며 표면층에 남겨진 풍화의 원인을 요약하고 있다.

13. 게오르그 짐멜Georg Simmel의 책 『사회학, 철학, 미학에 관한 에세이Essays on Sociology, Philosophy and Aesthetics』(뉴욕, 1959), pp.259-266에 실린 "폐허The Ruin"를 참조할 것. 팔라초 델 테에 관해서는 다음을 참조할 것. 프레드릭 하트Fredrick

Hartt의『줄리오 로마노Giulio Romano』(뉴욕, 1981), pp. 91-
104; 커트 포스터 & 리처드 터틀Kurt Foster & Richard Tuttle
의 "팔라초 델 테Palazzo del Tè",『건축사학회지』(1971), pp.267-
293; E.H. 곰브리치, "줄리오 로마노의 작품에 대하여Zum
Werke Giulio Romanos",『빈 미술사 컬렉션 연감』, n.f.,8(1934),
pp.79-104, 그리고 9(1935), pp.121-150.

14.　조르조 바사리Giorgio Vasari,『기술에 대하여On Technique』
(뉴욕,1960), p.65, p.132이후를 참조할 것; 제임스 애커만
James Ackerman의 논문 "토스칸/소박한 양식: 건축의 비유
적 언어에 대한 연구The Tuscan/Rustic Order: A Study in the
Metaphorical Language of Architecture",『건축사학회지』, pp.15-
34; 줄리오 카를로 아르간Giulio Carlo Argan의 논문『작품 연
구 및 주석: 브라만테에서 카노바까지Studi e note dal Bramante
al Canova』(로마, 1970), p.52; 에릭 포스만Erick Forsman의 논
문『도릭, 이오니아, 코린트 양식:16-18세기 건축에서의 기둥양
식에 관한 연구Dorisch, ionisch, Korinthisch: Studien über den
Gebrach der Säulenordnungen in der Architektur des 16-18
Jahrhunderts』(스톡홀름, 1961), 1장을 참조할 것.

15.　켄트F.W. Kent 외 공저『조반니 루첼라이와 그의 지발도네

II: 피렌체의 한 귀족과 그의 궁전Giovanni Rucellai ed il suo Zibaldone II: A Florentine Patrician and his Palace』(런던, 1981), pp.155-228에 실린 브렌다 프레이어Brenda Preyer의 "루첼라이 궁전The Rucellai Palace"을 참조할 것. 프랑코 보르시Franco Borsi의 저서 『레온 바티스타 알베르티: 전집Leon Battista Alberti: The Complete Works』(뉴욕, 1981), pp.51-56도 유용하다. 알베르티의 건축에서 기하학의 역할(상징적 의미와 도구로서)에 대한 논의는 루돌프 비트코버Rudolph Wittkower의 책 『인본주의 시대의 건축원리Architectural Principles in the Age of Humanism』(뉴욕, 1962)를 참조할 것. 비트코버의 논지를 더 심화시킨 연구로는 조지 허시George Hersey가 쓴 『피타고라스의 궁전들: 이탈리아 르네상스 시대의 마법과 건축Pythagorean Palaces: Magic and Architecture in the Italian Renaissance』(이타카, 1976)이 있다. 기하학의 규범에 따른 르네상스 시대의 건물 정면에 대한 탁월한 연구로는 존 어니언스John Onians가 쓴 『의미의 전달자: 고대, 중세, 르네상스 시대의 고전적 규범Bearers of meaning: The Classical Orders in Antiquity, the Middle Ages and the Renaissance』(프린스턴, 1988) 이 있다.

16.   레온 바티스타 알베르티Leon Battista Alberti,『건축 10서에 나

타난 건축예술에 대하여On the Art of Building in Ten Books』,
조셉 리크웰트Joseph Rykwert 외 번역 및 편집(케임브리지, 매
사추세츠, 1988), 7권 2장을 참조할 것. 이 부분에 대한 해석은
조셉 리크웰트가 편집한『레온 바티스타 알베르티』(런던, 1979)
를 참조할 것. 여기에 실린 논문 중 특히 위베르 다미쉬Hubert
Damisch가 쓴 "기둥과 벽The Column and the Wall", pp.18-23
이 유용하다.

17. 레온 바티스타 알베르티,『만찬용 식기 세트Dinner Pieces』(빙
햄튼, 1987), pp.175-176의 "신전The Templum"을 참조할 것.

18. 세바스티아노 세를리오Sebastiano Serlio,『건축 5서The Five
Books of architecture』(뉴욕, 1982), 4권, 11장.

19. 곰브리치, "줄리오 로마노의 작품에 대하여." 이 주제에 대한 더
깊은 논의는「로터스 인터내셔널Lotus International」32호에
수록된 논문, 마르첼로 파졸로 & 알레산드로 리날디Marcello
Fagiolo & Alessandro Rinaldi의 "인공 과/또는 자연: 모방과 상
상 사이의 변증법Artifex et/aut Natura: The Dialectic between
Imitation and Imagination"을 참조할 것.
　　이 주제의 철학적 의미에 대해서는 로저 립시Roger Lipsey
가 편집한『논문 선집: 전통예술과 상징주의Selected Papers:

Traditional Art and Symbolism』(프린스턴,1985), pp.241-253에 수록된 아난다 쿠마라스와미Ananda Coomaraswamy의 "장식Ornament"에서 상세히 다루어졌다.

20. 에드워드 포드Edward Ford,『근대건축의 디테일The Details of Modern Architecture』(케임브리지, 매사추세츠, 1990), p.211이후를 참조할 것. 이 문제를 다른 관점에서 다룬 것으로는 「건축교육저널Journal of Architectural Education」, 40, no.4, pp.10-17에 수록된 논문으로, 존 막사이 & 폴 두카스John Macsai & Paul Doukas가 쓴 "1918-1939년대 이탈리아의 전환기에 나타난 표현적인 구조와 고전양식Expressed Frame and Classical Order in the Transitional Period of Italy, 1918-1933"이 여기서 저자들은 표현적인 효과를 강조하는 뼈대와 그 사이를 메우는 패널 때문에 구조의 골격이 모호해진 반면, 벽체의 구조적 역할은 드러나 보인다고 언급했다. 구조 프레임과 외피 사이의 관계에 대한 풍부한 정보와 해석은 20세기 초 미국건축, 특히 시카고 학파Chicago School의 건축에 대한 연구에서 비롯되었다. 이에 관해서는 다음 자료를 참조할 것. 콜린 로우Colin Rowe,『이상적 빌라의 수학 및 기타 논문Mathematics of the Ideal Villa and Other Essays』(케임브리지, 매사추세츠, 1985), PP.90-117에

수록된 "시카고 프레임Chicago Frame"; 헨릭 클로츠Henrich Klotz, "디자인 문제로 고찰한 시카고의 다층 건물The Chicago Multistory as a Design Problem", 『메트로폴리스』(뮌헨, 1987), PP.56-75; 위리엄 H.조르디William H. Jordy, 『미국의 건물과 건축가들American Buildings and Their Architects』, 3권(뉴욕, 1972), 특히 "조적용 블록과 철제골조: 시카고와 상업적 양식"이란 제목이 붙은 장; 카슨 웹스터J. Carson Webster, 『초고층 건물: 논리적이고 역사적인 고찰The Skyscraper: Logical and Historical Considerations", 『건축사학회지』, 18(1969), PP.129-139

21. 짐멜, "폐허", P.265

22. 같은 책.

23. 르 코르뷔지에, 『오늘날의 장식예술』(케임브리지, 매사추세츠, 1987), PP.188-192 이 책은 최근, 『철학과 시각예술저널Journal of Philosophy and the Visual Arts』(런던, 1990), PP.84-95, "철학과 건축"에 수록된 마크 위글리Mark Wigley의 논문 "철학 이후의 건축: 르 코르뷔지에와 황제의 새로운 도료Architecture after Philosophy: Le Corbusier and the Emperor's New Paint"에서 세밀히 검토되었다.

똑같이 선명한 흰색의 이미지가 뒤샹Duchamp의 『에나멜을 칠한 아폴리네르Apolinere Enameled』(1916-1917)에도 나타난다. 하지만 흰색에는 폭넓은 해석을 가능하게 하는 특성이 있다. 르 코르뷔지에의 흰색 벽을 멜빌의 『모비딕』(1851)에 나오는 "고래의 흰색 벽"과 비교하는 것도 의미가 있을 것이다. 멜빌은 "고래의 흰색"이라는 제목의 장에서 무엇보다 고래의 흰색이 얼마나 무서웠는지를 설명했다. 비록 흰색이 아름다움을 북돋우고, 자신이 갖추고 있는 특별한 미덕을 강조하는 효과가 있더라도, 다시 말해 영적이고 신성한 것이 그렇듯이 정직함과 정의, 순수함 그리고 고귀한 탁월함 등의 특징을 상징한다 해도, 흰색은 이와 같은 연관성에서 분리되어 끔찍한 대상과 결합되기도 한다. 흰고래의 경우엔 흰색이 공포와 두려움을 크게 높이는 효과를 발휘한다. 커다란 동물이 흰색을 띤다는 것은 거대한 힘을 상징하는 것이다. 그러므로 우리는 흰곰, 흰 상어 또는 흰 호랑이에게 엄청난 두려움을 느낀다. 그리고 인간에게는 희다는 사실이 더 불쾌한 효과를 낸다. 멜빌의 소설 속 인물인 이스마엘은 백색증에 걸린 사람은 비록 (다른) 신체적 결함이 없어도 항상 불쾌감을 준다고 불평한다. 왜 그럴까? 색채와 특징이 결여된 흰색은 공허함과 불안의 상징이자 우리가 의지할 바를 잃었을 때 추락하게 되는 죽음의 세계처럼, 우리를 기다리고 있는 비정한 심연 또는 침묵의 부재 그 자체다. 흰색은 소멸을 연상시키는 색으로, 생명을 전부 앗아가는 광대한 공허이며 허무라고밖에 부를 수 없는 거대한 장막이다. 멜빌은 이 사실이 이스마엘을 섬뜩하게 했다고 썼다.

모비딕에서 흰색이 갖는 중요성은 존 보튼John Borton이 쓴『허먼 멜빌: 모비 딕에 나타난 문학적 기법의 철학적 의미 Herman Melville: The Philosophical Implications of Literary Technique in Moby Dick』(암허스트, 1961), PP.18-24에 상술되었다.

24. 르 코르뷔지에, "아돌프 로스",『프랑프푸르터 차이퉁』에 게재되었다(1930). 이 글은 베네데토 그라바뉴올로Benedetto Gravagnuolo의『아돌프 로스: 이론과 작품Adolf Loos: Theory and Works』(밀라노&뉴욕, 1982), P.89에 인용됨.

25. 아돌프 로스,『그럼에도 불구하고Trotzdem』(빈, 1982), P.111를 참조할 것. 이 사건의 역사적 배경은 헤르만 체크 & 볼프강 미스텔바우어Hermann Czech & Wolfgang Mistelbauer가 쓴『로스의 집Das Looshaus』(빈, 1976), P.197에 모두 소개되었다. "흰색"에 대한 로스의 생각을 살펴본 이 작품의 의미는 데이빗 레

더배로우-David Leatherbarrow가 쓴 에세이 "아돌프 로스의 건축에 나타난 해석과 추상화Interpretation and Abstraction in the Architecture of Adolf Loos", 「건축교육저널」, 40, no.4(여름1987), PP.2-9에 상술되었다. 이 주제는 또한 그라바뉴올로의 『아돌프 로스』에서도 검토되었다. 이 작품과 그에 따른 논쟁은 모두 부르크하르트 룩슈시오 & 롤란트 샤헬Burkhardt Rukschcio & Roland Schachel이 쓴 『아돌프 로스: 생애와 작품 Adolf Loos: Leben und Werk』(잘츠부르크, 1982)에 정리되었다. 흰색이라는 주제 그리고 이와 관련된 새로움의 문제는, 로스에 관한 최근의 연구에서 다양하게 다루어지고 있는데 특히 예후다 사프란 & 빌프리드 방Yehuda Safran & Wilfried Wang이 편집한 책 『아돌프 로스의 건축The Architecture of Adolf Loos』(영국예술협회, 런던, 1987)을 참조할 것.

26. 토마스 슈마허Thomas Schumacher, "깊은 공간/얕은 공간 Deep space/shallow space", 「아키텍처럴 리뷰」, 181(1987, 1월호), PP.37-42. 후안 파블로 본타Juan Pablo Bonta가 쓴 『건축과 그 해석: 건축의 표현체계에 관한 연구Architecture and Its Interpretation: A Study of Expressive Systems in Architecture』 (바르셀로나, 1975), P.64이후도 참조. 본타는 이 통찰력 있는 책

에서 건축을 직접 경험하고 얻은 지식(이 경우는 바르셀로나 파빌리언)과 사진에서 얻은 지식의 차이를 논증한다.

27. 앨런 콜쿠혼Alan Colquhoun, "알로이스 리글에 있어서 '새로움'과 '세월의 가치'", 『근대성과 고전전통Modernity and the Classical Tradition』(케임브리지, 매사추세츠, 1989), PP.213-221에 수록되었다. 리글에 대해서는 "근대의 기념비 숭배: 그 특성과 기원", 「오퍼지션스Oppositions」, 25(가을, 1982)를 참조할 것. 더 자세한 내용은 앨런 콜쿠혼의 에세이 "리글에 대한 소견", 「오퍼지션스」, 25(가을, 1982)를 참조할 것. 이 문제에 대한 최근의 연구 중 여러 면에서 도전적이고 철학적인 연구는 에마뉘엘 레비나스가 쓴 『시간과 타자 & 기타 에세이』(피츠버그, 1987), PP.121-138에 수록된 글 "오래된 것과 새 것"을 참조할 것. 리글의 주장과 관련된 19세기의 문화적 배경은 자비엘 코스타Xavier Costa가 쓴 논문 "변덕스런 관찰자들: 19세기 초 프랑스 기념건축물의 해석Mercurial Markers: A Interpretation of Architectural Monuments in Early Nineteenth Centry France"에 상술되었다.

28. 르 코르뷔지에, 『대성당이 흰색이었을 때』, P.5

29. 르 코르뷔지에 & 아메데 오장팡, "퓨리즘"을 참조할 것. 이 글

은 로버트 허버트Robert Herbert가 편집한『예술에 대한 근대 예술가들의 견해Modern Artists on Art』(잉글우드 클립스, 1964), PP.58-73에 수록되었다. 이러한 주장이 지어진 건물에 미친 영향에 대해서는 르 코르뷔지에 & 피에르 잔느레의『작품전집 1910-1929』제1권(취리히, 1964)을 참조할 것. 특히 흥미로운 것은 폐삭 프로젝트에 대한 설명인데, 페인트가 칠해진 외벽과 칠해지지 않은 외벽 사진이 실려 있다.(PP.78-85) 아메데 오장팡이 쓴『근대예술의 토대Foundations of Modern Art』(뉴욕, 1952)도 이와 관련이 있다. 또한 이 운동에 대한 최근의 연구로 수잔 볼Susan Ball이 쓴『오장팡과 퓨리즘: 양식의 진화, 1915-1930Ozenfant and Purism: The Evolution of a Style, 1915-1930』(앤 아버, 1981)도 있는데 여기서는 흰색에 대한 관념이 청교도나 인종 차별주의와 관련된다. 이를 더 넓은 맥락에서 정리한 것으로는『레제와 파리의 퓨리스트Léger and Purist Paris』(테이트 갤러리, 런던, 1970)를 참조할 것. 데스틸과 관련된 주장을 비교하려면 이브-알랭 부아Yve-Alain Bois가 쓴『모델로서의 회화Painting as Model』(케임브리지, 매사추세츠, 1990)을 참조할 것. 그리고 이 책에서 상술한 전통과 관련된 주요 자료에 대해서는 피에트 몬드리안Piet Mondrian의『조형예술과 순수

조형예술Plastic Art and Pure Plastic Art』(뉴욕, 1951)을 참조할
것.

30. 페르낭 레제Fernand Léger, 『회화의 기능Functions of Painting』
   (뉴욕, 1973), PP.53-94

31. 미스 반 데 로에, "판유리가 없다면 강철과 콘크리트는 어떻게
   될까?" 프리츠 노이마어Fritz Neumeyer가 쓴 『미스 반 데 로
   에, 꾸밈없는 언어Mies van der Rohe, das kunstlose Wort』(베를
   린, 1986), P.378에 수록된 내용임. 미스의 건축에 나타난 재료
   의 속성에 대해서는 호세 퀘트글라스José Quetglas가 쓴 "유리
   에 대한 공포: 바르셀로나 파빌리온Fear of Glass: The Barcelona
   Pavilion", 『건축생산Architectureproduction』(뉴욕, 1988),
   PP.121-151을 참조할 것. 미스 건축의 디테일은 에드워드 포드
   가 쓴 『근대건축의 디테일』(케임브리지, 매사추세츠, 1990)에 재
   수록 되었다. 이 책에는 로스의 건물도면이 수록되어 있어 다
   른 도면과 비교할 수 있는 것만으로도 유익하다. 로스에 대해서
   는 주 25에 언급한 문헌 이외에 아돌프 로스의 『허공에 말했다
   Ins Leere gesprochen』(빈, 1981), PP.133-138, 139-145에 수록된
   "건축자재" 그리고 "의상의 원리"를 참조할 것. 그리고 막스 리셀
   라다Max Risselada가 편집한 『라움플랜 대 자유평면: 아돌프

로스와 르 코르뷔지에Raumplan versus Plan Libre: Adolf Loos and Le Corbusier』(뉴욕, 1988)도 참조할 것.

32. 메리 맥러드Mary McLeod, "르 코르뷔지에와 알제Le Corbusier and Algiers",「오퍼지션스」, nos.19-20(겨울/봄, 1980) 더 자세한 내용은 프램튼이 쓴 "비판적 지역주의를 향하여Towards a Critical Regionalism", 카를로 팔라촐로 & 리카르도 비오Carlo Palazzolo & Riccardo Vio가 편집한 『르 코르뷔지에의 발자취를 따라서In the Footsteps of Le Corbusier』(뉴욕, 1991) 그리고 피터 칼Peter Carl의 『모둘러스Modulus』, 20(1991), PP.20-71에 수록된 논문 "정물Natura Morta"을 참조할 것.

33. 존 디어 본사와 코르텐 강에 대해서는 에로 사리넨,『세계의 건축Global Architecture』(도쿄, 1971)을 참조할 것. 이 원칙은 다른 작품에서도 분명히 나타나는데 예를 들어, 탈리에신 그룹의 에드먼드 케이시Edmond Casey의 록키산 국립공원 건물은 주변 환경과 조화를 이루도록 설계되었다.

34. 프랭크 로이드 라이트,『살아있는 도시The Living City』(뉴욕, 1958), P.112를 참조할 것. 이 책은 라이트가 건물을 해당 부지의 "위 또는 안에" 앉히는 시도를 설명하려는 글 중에서 가장 명료한 것이다. 라이트가 쓴『건축을 위해서In the Cause of

Architecture』(뉴욕, 1975), PP.139-219에 나오는 "재료의 의미"
도 참조할 것. 최근에는 이 주제가 문화지리학에서 다루어졌
다. 예컨대, 잭슨J.B. Jackson이 쓴 『폐허의 필요성The necessity
for Ruins』(암허스트, 1980) 그리고 데니스 코스그로브Denis
Cosgrove가 쓴 『사회형성과 상징적 경관Social Formation and
Symbolic Landscape』(런던, 1984)을 참조할 것.

35. 데이비드 파렐 크렐David Farell Krell, 『기억, 회상, 글쓰기에 대
하여Of Memory, Reminiscence and writing』(블루밍턴, 1990),
P.14를 참조할 것. 기억에 대한 플라톤의 설명은 제이콥 클라인
Jacob Klein이 쓴 『플라톤의 메논에 대한 논평A Commentary
on Plato's Meno』(시카고, 1989)에 완전하고 명료하게 요약되어
있다. 이 문제는 피터 문츠Peter Munz가 쓴 『시간의 형상들The
Shapes of Time』(미들타운, 코네티컷, 1977)에서 역사적 관점으
로 다루어졌다. 아울러 조지 쿠블러George Kubler의 『시간의
형상: 사물의 역사에 관한 논평The Shape of Time: Remarks on
the History of Things』(뉴헤븐, 1962)도 참조할 것. 에드워드 사
이드Edward Said가 쓴 『기원Beginnings』(뉴욕, 1985)도 유용
한 내용을 담고 있다.

기억에 관한 연구는 최근 현상학 분야에서 진행되고 있

다. 에르빈 스트라우스Erwin Straus가 쓴 『현상학적 심리학 Phenomenological Psychology』(뉴욕, 1966), PP.75-100에 나오는 "기억의 흔적"을 참조할 것. 아울러 에드워드 케이시가 쓴 『기억하기: 현상학적 연구Remembering: A Phenomenological Study』(블루밍턴, 1987); 데이비드 마이클 레빈David Michael Levin의 『인간 존재의 신체적 회상: 현상학적 심리학과 니힐리즘의 해체The Body's Recollection of Being: Phenomenological Psychology and the Deconstruction of Nihilism』(보스턴, 1985); 데이비드 카David Carr의 『시간, 서사 그리고 역사Time, Narrative, and History』(블루밍턴, 1986); 그리고 가장 중요한 책으로는 폴 리쾨르Paul Ricoeur의 『시간과 서사Time and Narrative』, 3권(시카고,1984-1988)을 들 수 있다.

감사의 말

이 책에 실린 사진은 대부분 특별히 의뢰하여 찍은 것으로, 우리는 찰스 타시마Charles Tashima에게 큰 빚을 졌다. 그는 자잘한 것까지 꼼꼼히 살피고 열정과 인내로 상상 속의 멋진 여행을 함께해주었다. 하버드 대학 디자인 대학원의 전 학장 제럴드 맥큐Gerald M. McCue와 부학장 폴리 프라이스Polly Price의 연구실 그리고 펜실베이니아 대학 학술 연구재단은 사진 작업이 가능하도록 도움을 주었다.

이 책의 내용은 케임브리지와 필라델피아를 몇 차례 방문하는 동안 다듬어진 것이다. 이 과정에서 몇몇 짧은 만남을 통해 느낀 기쁨도 컸는데, 호마 파르자디Homa Fardjadi와 로렌 레더배로우Lauren Leatherbarrow, 이분들의 너그러움과 성원이 없었다면 이런 경험은 불가능했을 것이다. 피터 칼Peter Carl이 통찰력을 가지고 주의 깊게 초고를 검토해준 게 큰 힘이 됐고, 덕분에 우리는 르 코르뷔지에의 작업과 관련된 내용에 더 집중할 수 있었다.

여러 친구와 선생님, 그리고 우리에게 영감을 준 분들에게도 빚을 졌다. 앨런 콜쿠혼Alan Colquhoun, 마르코 프라스카리Marco Frascari, 라파엘 모네오Rafael Moneo, 앨런 플라터스Alan Plattus, 조셉 리크웰트Joseph Rykwert, 달리보 베즐리Dalibor Vesely. 이 분들에게 감사드린다.

옮긴이의 글

『풍화에 대하여』는 모센 모스타파비와 데이빗 레더배로우가 공저자로 출간한 책,『On Weathering』을 옮긴 것이다. 출간된 지 30년 가까이 지났지만, 주제의 영원성과 문제 제기의 참신성, 논의의 적실성 등은 여전히 유효하다. 1993년 출간 당시 뉴욕 타임스에 서평이 실렸고, 그해 미국건축가협회AIA의 건축이론상을 수상하는 등 전문성과 대중적 인지도를 모두 갖춘 책이다. 저자들은 서구 건축이 오랜 시간 이어온 불변의 가치 중, 모더니즘 건축이 간과했거나 잃어버린 것이 무엇인지 살피면서 '건물의 생애주기'라는 관점을 제시한다.

재료의 측면만 보더라도, 모더니즘 건축은 그 이전의 건축과 구분된다. 대부분 유기적인 재료로 지어진 전통 건축물에 비해, 모더니즘 건축은 무기질 재료를 많이 사용한다. 유기질 재료가 풍화에 몸을 맡

기고 언젠가 대지로 돌아갈 준비를 하고 있다면, 무기질 재료는 풍화에 몸을 사린 채, 영원한 젊음을 꿈꾼다. 전자는 내구재로써 재활용이 가능하지만, 후자는 소비재로써 빠르게 폐기된다. 재료의 문제는 건물의 구조와 건설방식, 공간의 질과 건축 미학에까지 영향을 미친다. 따라서 건물에 사용된 재료는 단순한 물적 요소를 넘어서 건물의 존재감을 좌우할 뿐만 아니라 자신의 창조물이 감당하게 될 시간에 대한 건축가의 감각을 드러내는 지표가 된다.

저자들은 바로 이 점에서 모더니즘 건축과 몇몇 건축가들을 비판적으로 바라본다. 왜냐하면, 이들은 자신의 이데아가 구현된 '순수한 볼륨'이 완벽한 모습으로, 형태의 위세를 떨치며 세월의 흐름을 비켜갈 거라고 믿었던 '순수한' 건축가들이었기 때문이다. 이들이 광범위한 영향력을 미쳤기에 그 순수함을 경배하는 후배 건축가들이 우리나라에도 등장했다. 옮긴이도 그들 중 하나임은 물론이다. 사실, 모더니즘 건축이 '인간'의 문제를 근본적인 차원에서 재검토하면서 형태와 기능의 관계를 다시 정립하려고 노력한 건 잘한 일이다. 그러나 인간과 사회를 단순하게 해석함으로써, 인간이 '개인'의 차원, 그것도 주로 기능적인 관점에서 다루어진 면이 강하다. 이 시기에 유형, 위계, 표준, 기계화, 전문화 등과 같은 용어가 등장했으며 이에 따라 정의된 기능, 그리고 그 기능에 걸맞은 형태를 찾으려는 시도가 이어졌다. 물리적 환경이 제대로 조성되면 사회적 환경도 따라서 개선될 것이라는 '믿음' 또한 컸다. 하지만 이들의 관계는 단선적이지 않고 복합적이라 그 믿음은 현실에서 불협화를 초래했다. 이런 상황이 건축에서 도시의 영역으로 넘어가 확장된 결과가 오늘날 우리가 보는 현대 도시의 모습이다.

한편, 건축은 뚜렷한 주체 의식과 미의식으로 무장한 건축가가 '완벽한' 형태를 사용자에게 제시하는 쪽으로 나아갔다. 갈수록 시각의 중요성이 부각되었고, 영원을 향해 열려있던 건축의 '완성'이란 개념은 건축가 개인의 시간 속으로 사라졌다. 개별 건물의 형태적 완성도가 건축가의 최대 관심사가 되었으며, 이를 토대로 한 미학이 다른 가치에 앞서는 상황이 벌어졌다. 요약하자면, '새로운 정신'에서 출발해 기능과 형태의 합리적 결합을 거쳐, 준공 시점에 생애 최고의 전성기를 맞게 되는 모더니즘 건축의 탄생 경로가 완성된 셈이다. 따라서 준공 이후 건물의 삶은 쇠락의 과정일 뿐, 이를 건물의 '새로운 시작'으로 보는 관점은 옛것이 되었다. 그동안 건물에 연륜을 더해주던 자연의 '덧셈'인 풍화 현상도 건물에서 젊음을 앗아가는 '뺄셈'으로 인식되었다. 이런 과정을 거치며 집을 짓는 일이 일상용품을 만드는 것과 동일해지고, 건축가들도 '세월'에 대한 감각을 잃게 된 것은 아닐까 하는 점이 옳간이의 추론인데, 물론 고색창연이나 스러짐의 미학 또는 지속가능성을 논하자는 건 아니다. 아울러 그 수는 많지 않았지만 일찌기 이런 문제를 통찰하고 그 흐름을 거스른 모더니즘 건축가들이 있었다는 점도 상기할 필요가 있다.

이 책을 읽으며 우리 주변을 돌아보면, 풍화 현상을 자연의 섭리로 받아들이고 건축의 생애주기를 이에 맞추던 시절이 있었다는 게 마치 옛날얘기처럼 느껴진다. 요즘처럼 건축이 빠르게 생산, 소비되는 상황에선 건물의 노후에까지 신경 쓸 이유도, 여력도 없는 것일까. 아니면 우리가 건물을 물건으로 대하면서, 건물에도 '생애'가 있다는 점을 잊어버린 것인가.

비교적 쉽게 읽히는 데다가 풍부한 자료가 제시된 책이라 내용과 관련해선 더 언급할 필요가 없을 듯하다. 이제 이 책의 키워드인 풍화로 되돌아가 번역 과정에서 떠오른 생각을 정리하며 독자들과 그 의미를 되짚어보고 싶다.

'풍화風化'라는 단어는 영어의 'weathering'에 해당하는 한자어다. 옮긴이는 이 단어가 언제부터 쓰였는지 궁금해서 관련 문헌을 찾아보

았으나, 명문화된 기록은 파악할 수 없었다. 한자문화권에선 오래전부터 사용되어왔으며 그 의미의 폭도 상당히 넓다는 사실을 확인했을 뿐이다. 우리에게 익숙한 의미, 즉 '지구상의 기후조건에 의해 유기 또는 무기물질이 물리, 화학적으로 분해되는 현상'이란 뜻 외에도, '사회가 공인한 도덕 규범', 풍속을 교육해서 감화시킨다는 뜻의 '풍속교화風俗教化', 기후 절기를 나타내는 '춘풍화우春風化雨'등의 줄임말로도 쓰인다는 것이다. 과연 자연현상과 인문, 사회 영역까지 아우르는 용어다.

한자어 특유의 다의성에 새삼 혼란을 느끼면서도, 이 모든 의미의 스펙트럼을 관통하는 단어가 '바람風'이란 사실이 흥미롭다. 풍토, 풍경, 풍속, 풍수... 등 기후 요소를 지칭하는 용어 가운데 이처럼 우리의 감각을 부풀려 어디론가 데려가는 말이 또 있을까 싶다. 이런 의미에서 '풍화'라는 단어는, 기후의 영향을 제어하는 방법과 재료를 뜻하는 말 'weathering'을 감싸 안으며 열린 세계로 이끄는 듯하다. 도착어가 출발어를 너그럽게 맞아들이는 느낌이랄까. 풍화현상을 대하면서 우리는 자연스레 정신과 육신의 쇠락을 떠올리게 되는데, 결국 '건축가의 태도'에 초점을 맞추는 두 저자의 의중을 고려하면 더 그런 느낌이 든다.

본문에는 '타고난 운명으로서의 소멸'이란 표현이 나온다. 온전한 몸체를 지닌 존재라면 내면 깊은 곳에 자기소멸로 향하는 성향, 즉 근원으로 돌아가려는 현상이 그 기질 속에 내포되어 있다는 것이다. 이는 풍화를 비롯한 자연현상을 제대로 파악하려면, 자연과학적 접근만으론 뭔가 부족하다는 것을 암시하는 듯하다. 이 책은 풍화의 문제를 '건축'에 한정해서 논하고 있지만, 우리는 이 단어의 다의성에 기대어 그 의미를 인문과 사회 분야로 확장해볼 필요가 있을 것 같다. 어느 분야든 '시간에 대한 감각'을 가져야 '과정'이 눈에 들어올 것이고, 그에 따른 '결과'도 예측 가능할 것이다. 우리가 풍화에 주목하는 이유도 여기에 있지 않을까 한다.

끝으로 한국어판을 출간하면서 원서의 레이아웃을 일부 재구성했다는 점을 밝힌다. 단락 구분 없이 서술된 원문이 이미지와 교차 편집되어 텍스트의 흐름이 자주 끊어지는 점이 눈에 띄었다. 한글본에선 이를 보완하고 톤이 일정하지 않던 건물 사진도 보정 작업을 하여 새롭게 편집했다. 이 책을 읽고 나서 건물의 '노후'를 설계하는 사례가 늘고, 건축을 보는 눈이 달라졌다는 독자도 나타났으면 좋겠다.

건축에 새겨진 시간의 흔적,
풍화에 대하여

모센 모스타파비 / 데이빗 레더배로우 지음
이 민 옮김

초판. 1쇄 발행 2021년 9월 17일

펴낸이. 이민·유정미
편집. 이수빈
디자인. 오성훈

펴낸곳. 이유출판
출판등록. 제25100-2019-000011호
주소. 34630 대전시 동구 대전천동로 514
전화. 070-4200-1118
팩스. 070-4170-4107
이메일. iu14@iubooks.com
홈페이지. www.iubooks.com
페이스북. @iubooks11
정가. 21,000원

ISBN 979-11-89534-21-9(03540)